マリタイムカレッジシリーズ

船舶の管理と運用

商船高専キャリア教育研究会 編

KAIBUNDO

■ 執筆者一覧

CHAPTER 1	小林　豪（広島商船高等専門学校）
CHAPTER 2	遠藤　真（富山高等専門学校）
	伊藤政光（鳥羽商船高等専門学校）
CHAPTER 3	河村義顕（広島商船高等専門学校）
	片岡英明（清水海上技術短期大学校）
CHAPTER 4	児玉敬一（弓削商船高等専門学校）
	笹谷敬二（富山高等専門学校）
CHAPTER 5	清田耕司（広島商船高等専門学校）
	鶴田　誠（唐津海上技術学校）
CHAPTER 6	水井真治（広島商船高等専門学校）
CHAPTER 7	湯田紀男（弓削商船高等専門学校）
CHAPTER 8	岩崎寛希（大島商船高等専門学校）
CHAPTER 9	岩崎寛希
コラム	水井真治〔p.42, p.104, p.113〕
	小林　豪〔p.62〕
	河村義顕〔p.80〕
	遠藤　真〔p.114〕
	岩崎寛希〔p.140〕

■ 編集幹事

遠藤　真

水井真治

（所属はすべて執筆時のものです）

読者へのメッセージ

　1970年〜1980年代当初，船員という仕事の達人が私たちの身近に数多くいた。1982年の船員統計によれば日本人外航船員は3.3万人，日本人船員だけで運航していた日本船籍外航船は約1000隻存在していた。昭和の歌謡曲には船員をイメージした曲がいくつもあり，子供たちが熱中して見ていたアニメのなかには主人公のお父さんを「船長さん」と設定していたものもあった。

　現在，日本船籍の船でさえ，外航船は外国人船員との混乗が当たり前になっている。2010年のデータでは，日本人外航船員は約2260人，日本人が乗船している日本船籍外航船は約120隻となった。平成に入り，船員をイメージできるJ-POPも存在しないだろう。

　船員の仕事も，これまでの「海の男」というイメージから「高度にシステム化された巨大輸送プラントのオペレーター」に変貌した。船長はこの巨大プラントの総合マネージャー的役割を担っているのである。

　これまで商船高専・商船学科の専門科目の教科書は商船系大学の先生が執筆した図書を使用することが多かった。優良図書もたくさんあった。しかしそれらは，現代の商船高専や海上技術短期大学校の学生にとって，説明が難解なものとなりつつある。そこで私たちは，商船高専や海上技術短期大学校の学生向け，または社会人となった新人海上職の技術者用の基礎図書を提供したいと考えた。この入門書によって，何よりもまず，船の仕事に興味を持ち，海のこと，船のことを好きになってほしい。

　2年前に本書を企画し，目次案と執筆方針を書き留めた。その後，商船高専の航海コース教員10名に加えて清水海上技術短期大学校の航海系教員2名が参画し，12名体制で分担執筆した。これまでの教科書は，最低限の専門知識

を持った動機付けのある学生・社会人技術者を対象としたものが多かった。しかしながら，現代の学生は，船舶についての意識レベルが必ずしも高いわけではない。もちろん，この意識レベルは学生の優秀さと直接の関係はない。30年前のような船員がたくさんいた時代ではなくなり，学生たちが船を身近に感じられなくなったことが原因であろう。そこで本書では，船に親近感を持つことができるように，写真と図を多用し，学生の視点に立った分かりやすい内容・表現を心掛けた。

　本書は3部構成となっている。第一部はCHAPTER 1と2である。海上輸送技術の意義や役割，そして船の歴史を導入用にまとめている。基礎知識として役立ててほしい。

　第二部はCHAPTER 3～6である。この4つの章は本書の基幹を成しており，商船運航技術者が押さえておくべき基礎的な内容を厳選して取り上げている。すなわち，3級海技士（航海）に不可欠な内容である。

　最後の第三部はCHAPTER 7～9であり，船舶の管理と運用をより深く学ぶために，船舶の性能，操船に関してまとめた。

　今後，商船高専の教員各位が協力し，マリタイムカレッジシリーズとして商船高専・海上技術短期大学校レベルの教科書を海文堂出版から発行していきたいと考えている。期待してほしい。シリーズ第一弾である本書が船員を目指して入学してきた学生諸君の勉学の道標となり，また，新人海上職の技術者が船舶運航の基礎知識を習得する助けになれば幸いである。

　最後になったが，出版に際して，多くの同志に支えていただいた。この紙面を借りてお礼申し上げたい。また，全般にわたってご指導いただいた海文堂出版編集部の岩本登志雄氏に深く感謝申し上げる。

編集幹事
遠藤　真（富山高等専門学校）
水井真治（広島商船高等専門学校）

目　　次

執筆者一覧 …………………………………………………………………… 2
読者へのメッセージ ………………………………………………………… 3

CHAPTER 1　船の役割 …………………………………………………… 13
　1.1　もし地球の大陸分布が違っていたら ……………………………… 13
　1.2　現実の大陸分布から見た海運の役割 ……………………………… 14
　1.3　船の特色 ………………………………………………………………… 16
　　　(1)　船とは ……………………………………………………………… 16
　　　(2)　船の効率性 ………………………………………………………… 17
　　　(3)　船の仕事 …………………………………………………………… 18
　〈まとめ〉 …………………………………………………………………… 20
　〈解　説〉 …………………………………………………………………… 20

CHAPTER 2　船の歴史 …………………………………………………… 21
　2.1　船の始まり …………………………………………………………… 21
　2.2　帆船の誕生と進化 …………………………………………………… 22
　　　(1)　エジプトの船 ……………………………………………………… 23
　　　(2)　フェニキアの船 …………………………………………………… 23
　　　(3)　古代ギリシャの船 ………………………………………………… 24
　　　(4)　ローマ帝国の船 …………………………………………………… 24
　　　(5)　バイキングの船 …………………………………………………… 25
　　　(6)　ハンザ同盟の船 …………………………………………………… 26
　2.3　大航海時代 …………………………………………………………… 26
　　　(1)　新航路と新大陸の発見 …………………………………………… 26
　　　(2)　コロンブスの船隊 ………………………………………………… 28

5

　　　　(3) ガレオン船 ……………………………………… 29
　2.4 高速帆走商船の活躍，そして帆船時代の終焉 ………… 30
　2.5 汽船の誕生から現代まで ……………………………… 31
　　　　(1) 蒸気船の誕生 …………………………………… 32
　　　　(2) 外輪蒸気船の大洋航海 ………………………… 32
　　　　(3) スクリュープロペラの発明 …………………… 33
　　　　(4) 鉄船の誕生 …………………………………… 34
　　　　(5) 蒸気タービン船，ディーゼル船の誕生 ……… 34
　　　　(6) 定期客船の活躍 ………………………………… 36
　　　　(7) 現代の船 ……………………………………… 36
　2.6 安全な航海を目指した海難との戦い ………………… 38
　　　　(1) 損害保険の始まり ……………………………… 38
　　　　(2) 海上保険と船級協会 …………………………… 39
　　　　(3) 大規模な海難，油流出事故の発生 …………… 39
　　　　(4) 船の安全規制の国際化と強化 ………………… 40
　〈まとめ〉 …………………………………………………… 41
　〈解　説〉 …………………………………………………… 41

CHAPTER 3　船の種類と構造 ……………………………… 43

　3.1 船の種類と用途 ………………………………………… 43
　　　　(1) 旅客船 …………………………………………… 43
　　　　(2) 貨客船 …………………………………………… 43
　　　　(3) 一般貨物船 ……………………………………… 44
　　　　(4) コンテナ専用船 ………………………………… 44
　　　　(5) ばら積み貨物船 ………………………………… 45
　　　　(6) ロールオン・ロールオフ船 …………………… 46
　　　　(7) 自動車専用船 …………………………………… 46
　　　　(8) タンカー ………………………………………… 46
　　　　(9) 重量物運搬船 …………………………………… 48
　　　　(10) 木材運搬船 …………………………………… 48
　　　　(11) タグボート …………………………………… 48
　3.2 各部名称 ………………………………………………… 49
　　　　(1) 甲板部 …………………………………………… 49

　　　　　(2) 船側部 …………………………………… 50
　　　　　(3) 隔壁 ……………………………………… 51
　　　　　(4) 船底部 …………………………………… 52
　　　　　(5) 船首部 …………………………………… 53
　　　　　(6) 船尾部 …………………………………… 54
　　　3.3 構造様式 ………………………………………… 54
　　　　　(1) 横肋骨式構造（横式構造）……………… 54
　　　　　(2) 縦肋骨式構造（縦式構造）……………… 54
　　　　　(3) 混合肋骨式構造（縦横混合式構造）…… 56
　　　3.4 船の外形と要目 ………………………………… 57
　　　　　(1) 長さ ……………………………………… 57
　　　　　(2) 幅 ………………………………………… 57
　　　　　(3) 深さ ……………………………………… 57
　　　3.5 船のトン数 ……………………………………… 58
　　　　　(1) 総トン数 ………………………………… 58
　　　　　(2) 純トン数 ………………………………… 58
　　　　　(3) 排水トン数 ……………………………… 58
　　　　　(4) 載貨重量トン数 ………………………… 58
　　　3.6 喫水などの記号 ………………………………… 59
　　　　　(1) 喫水標 …………………………………… 59
　　　　　(2) 満載喫水線 ……………………………… 59
　　　　　(3) 船名および船籍港 ……………………… 59
　　　　　(4) その他 …………………………………… 60
　　　〈まとめ〉……………………………………………… 60
　　　〈解　説〉……………………………………………… 61

CHAPTER 4　船の設備 ……………………………………… 63

　　　4.1 錨 ………………………………………………… 63
　　　　　(1) 錨の重さ ………………………………… 64
　　　　　(2) 錨の形 …………………………………… 64
　　　　　(3) 錨の係駐力 ……………………………… 65
　　　　　(4) 錨鎖の構成と長さ ……………………… 66

                (5) 揚錨機 …………………………………………… *67*
        4.2　舵と操舵装置 ………………………………………… *68*
                (1) 舵と船の動き ………………………………… *68*
                (2) 舵取機の構造 ………………………………… *69*
                (3) 操舵装置の動作 ……………………………… *70*
                (4) 非常操舵装置 ………………………………… *72*
                (5) 自動操舵装置 ………………………………… *72*
                (6) 自動操舵装置の働き ………………………… *73*
        4.3　救命設備 ……………………………………………… *73*
                (1) 救命艇 ………………………………………… *73*
                (2) 救命筏 ………………………………………… *74*
                (3) 救命艇艤装品，救命筏艤装品 ……………… *75*
                (4) 救命浮環 ……………………………………… *75*
                (5) 救命胴衣 ……………………………………… *75*
                (6) イマーションスーツ ………………………… *76*
                (7) 遭難信号 ……………………………………… *76*
        4.4　消防設備 ……………………………………………… *77*
                (1) 火災の種類 …………………………………… *77*
                (2) 火災のしくみ ………………………………… *78*
                (3) 消火の方法 …………………………………… *78*
                (4) 火災探知装置と火災警報装置 ……………… *79*
        〈まとめ〉 …………………………………………………… *80*

CHAPTER 5　**船体の保存と手入れ** ……………………………… *81*
        5.1　船体の保存 …………………………………………… *81*
        5.2　ドック ………………………………………………… *83*
                (1) ドックとは …………………………………… *83*
                (2) ドックの種類 ………………………………… *84*
                (3) 入渠前の準備 ………………………………… *86*
                (4) 入渠 …………………………………………… *87*
                (5) 船底部の確認 ………………………………… *89*
                (6) 下地処理と塗装 ……………………………… *90*

　　　　　(7) 工事終了と出渠 …………………………………… *92*

　　5.3 検査 ………………………………………………………… *94*

　　　　　(1) 船舶検査 …………………………………………… *95*
　　　　　(2) 検査準備 …………………………………………… *96*
　　　　　(3) 受検 ………………………………………………… *96*

　　〈まとめ〉………………………………………………………… *99*
　　〈解　説〉………………………………………………………… *99*

CHAPTER 6　船用品とその取扱い …………………………… *101*

　　6.1 船舶用ロープ ……………………………………………… *102*

　　　　　(1) 船舶用ロープの概要 ……………………………… *102*
　　　　　(2) 合成繊維ロープ …………………………………… *102*
　　　　　(3) ロープの寸法 ……………………………………… *103*
　　　　　(4) ロープの性能 ……………………………………… *103*
　　　　　(5) ロープの強度 ……………………………………… *105*

　　6.2 ワイヤロープ ……………………………………………… *106*

　　6.3 属具 ………………………………………………………… *107*

　　　　　(1) カーゴフック ……………………………………… *107*
　　　　　(2) カーゴブロックおよびスナッチブロック ……… *108*
　　　　　(3) シャックル ………………………………………… *108*
　　　　　(4) アイプレートおよびリングプレート …………… *109*

　　6.4 塗料 ………………………………………………………… *109*

　　　　　(1) 塗料の歴史 ………………………………………… *109*
　　　　　(2) 塗料一般の種類 …………………………………… *110*
　　　　　(3) 船底塗料の種類と役割 …………………………… *110*
　　　　　(4) その他の塗料 ……………………………………… *111*
　　　　　(5) 塗装方法 …………………………………………… *112*

　　〈まとめ〉………………………………………………………… *113*
　　〈解　説〉………………………………………………………… *113*

CHAPTER 7　舵とプロペラ ………………………………… 115

7.1　舵の作用 ……………………………………………… 115

(1)　水の力学 ……………………………………… 115
(2)　舵に働く力 …………………………………… 116
(3)　どのように力が働くのか …………………… 117
(4)　舵角（迎え角）は大きいほうが良い？ …… 119
(5)　舵をとると船はどうなる？ ………………… 120

7.2　プロペラの原理と各部名称 ………………………… 121

(1)　プロペラの原理 ……………………………… 121
(2)　プロペラの各部名称 ………………………… 122

7.3　プロペラの性能 ……………………………………… 123

(1)　キャビテーションとエロージョン ………… 123
(2)　トルクとスラスト …………………………… 124
(3)　吸入流と放出流 ……………………………… 125
(4)　横圧力作用 …………………………………… 125
(5)　放出流の側圧作用 …………………………… 125
(6)　相互干渉 ……………………………………… 126

〈まとめ〉 ………………………………………………… 126

CHAPTER 8　性能に関する基礎知識 …………………… 127

8.1　操縦性能 ……………………………………………… 127

8.2　旋回性能 ……………………………………………… 128

(1)　操舵によるキックと速力低下，横流れ角 … 128
(2)　旋回時の横傾斜 ……………………………… 129
(3)　旋回圏と旋回性能 …………………………… 130

8.3　緊急停止試験と停止性能 …………………………… 133

8.4　変針性能 ……………………………………………… 135

8.5　当舵・保針性能 ……………………………………… 136

(1)　Zig-zag 試験 ………………………………… 137
(2)　IMO の当舵・保針性能基準 ………………… 138

〈まとめ〉 ………………………………………………… 139

目　次

CHAPTER 9　錨泊，入港から出港までの操船 ………………………… *141*
　　9.1　入港・着岸の操船例 ……………………………………… *141*
　　9.2　錨泊 ………………………………………………………… *143*
　　　　(1)　錨泊準備 ……………………………………………… *143*
　　　　(2)　錨地への進入コース（アプローチコース）………… *144*
　　　　(3)　投錨 …………………………………………………… *145*
　　9.3　入港と係留 ………………………………………………… *146*
　　　　(1)　入港準備 ……………………………………………… *146*
　　　　(2)　岸壁へのアプローチ ………………………………… *148*
　　　　(3)　着岸 …………………………………………………… *148*
　　　　(4)　係留索と岸壁係留 …………………………………… *149*
　　9.4　出港 ………………………………………………………… *150*
　　　　(1)　離岸準備 ……………………………………………… *150*
　　　　(2)　離岸操船 ……………………………………………… *151*
　　〈まとめ〉……………………………………………………………… *151*
　　〈解　説〉……………………………………………………………… *152*

索引 …………………………………………………………………………… *153*

〔コラム〕　シーマンシップ …………………………………………… *42*
　　　　　　モーダルシフト ……………………………………………… *62*
　　　　　　船酔い ………………………………………………………… *80*
　　　　　　クレモナロープの由来 ……………………………………… *104*
　　　　　　船舶用塗料の近代史 ………………………………………… *113*
　　　　　　なぜ，船が世界一大きな乗り物になったのか …………… *114*
　　　　　　操船シミュレータ …………………………………………… *140*

CHAPTER 1

船の役割

1.1　もし地球の大陸分布が違っていたら

　海上輸送は，比較的時間がかかるものの，長距離を大量に物資を運べる特徴があり，現在の海上輸送の体系は，地球の大陸分布や陸地の形状と深く関連しながら発展してきた。

　太古の地球においては，ユーラシア大陸，アフリカ大陸，オーストラリア大陸などがすべてつながっていた。もし，大陸分布がそのまま変化しなかったとすると，地球上の物資輸送は必ずしも現在のように海上輸送が主役ではなかったかもしれない。

図 1.1　太古の地球を想定した海上輸送ルート

つまり，1つの巨大な大陸の上に鉄道輸送やトラックによる輸送網が縦横無尽に張り巡らされていたに違いない。したがって，船による輸送は図 1.1 のように，大陸の東西の端から端までの輸送などに限定されていた可能性が高い。

1.2　現実の大陸分布から見た海運の役割

現在の地球では，海の面積は 3 億 6106 万 km² である。これは陸地面積の 2.4 倍であり，地球の表面積の約 71 %を占める。つまり，地球表面積の残り約 29 %のみが陸地である。一方，海は気候の調節や物質の循環などに重要な役割を果たしており，生物資源，鉱物資源など，天然資源の宝庫でもある。さらに，船舶による国外・国内の貨物輸送の場として重要な役割を果たしている。

日本を中心とした現実の大陸分布における主な海上輸送ルートを図 1.2 に示す。図 1.1 と図 1.2 の違いは一目瞭然である。また，図 1.2 を見ると，生活物資，エネルギー資源，工業原料で輸送ルートに違いがあることも分かる。

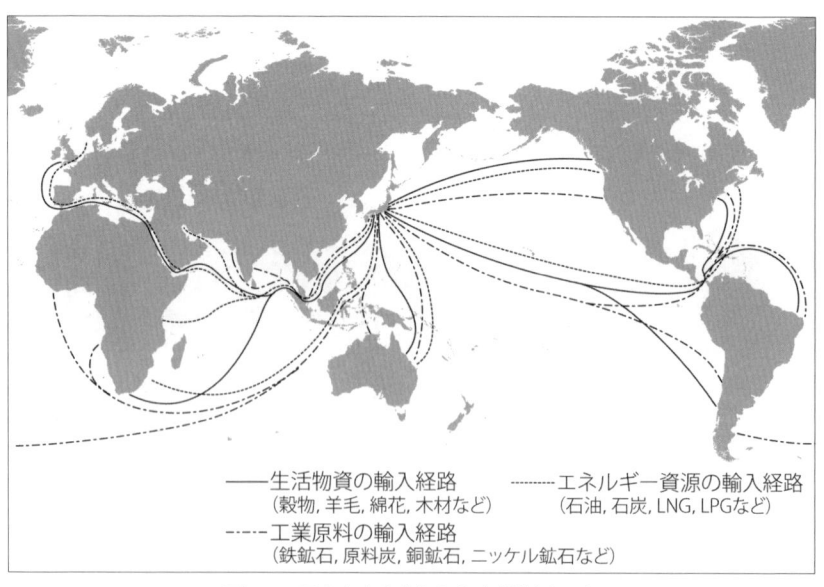

図 1.2　日本を中心とした海上輸送ルート

日本は島国であるので，船舶による安定した輸送ができなくなると，多くの物資や生活資源などが入ってこなくなり，日本の経済そのものが立ちいかなくなる．このように日本にとって，船舶は国民生活を維持していく上で無くてはならない輸送機関であり，海運は重要なライフラインである．

表 1.1 は主要資源の対外依存度の概要を示している．資源の限られた島国で暮らす私たちが経済活動や国民生活を維持していくために必要な，原油や天然ガスなどのエネルギー原料，鉄鉱石などの工業原料，小麦や大豆などの食料資源といった物資の多くは海外に依存している．

表 1.1 主要資源の対外依存度

石炭	100.0%	原油	99.6%	天然ガス	96.4%
鉄鉱石	100.0%	羊毛	100.0%	綿花	100.0%
大豆	94.0%	小麦	86.0%	木材	77.0%

(注)「食料需給表」「木材需給表」2008 年版,「エネルギー白書」
「鉄鋼統計要覧」2010 年版による 2008 年の数値
〔日本船主協会「日本海運の現状」(2011) より〕

我が国の貿易量（2009 年）は金額ベースで 106 兆円，トン数ベースでは 8 億 3500 万トンにもなる．このうち海上貿易量は金額ベースで 68.1 %，トン数ベースで 99.7 %を占めており，海運は我が国の貿易にとって大きな役割を果たしていることが分かる．

表 1.2 に貿易に占める海上輸送の割合を示す．

これらの貿易を担う**外航海運**だけでなく，国内の輸送においても海運は活躍している．トラックや鉄道といった陸上輸送のほか，航空機輸送も行われているが，**内航海運**は国内輸送全体の約 4 割（トンキロベース）を担っており，産業基礎材料である鉄鋼や石油，セメントなどにおいては 8 割以上が海上輸送されている．この内航海運が 1 トンの貨物を 1 km 運ぶのに必要とするエネルギーは，自家用自動車の約 1/20，営業用自動車の約 1/4，航空機（国内線）の約 1/40 である．このように長距離・大量輸送に優れている船舶は，他の輸送機関に比べて二酸化炭素の排出量も少なくエネルギー効率も優れているため，

表 1.2 貿易に占める海上輸送の割合（トン数ベース）

年	輸出		輸入		輸出入合計	
	総量	海上貿易量 (%)	総量	海上貿易量 (%)	総量	海上貿易量 (%)
1985	94	94 (99.5)	604	603 (99.9)	698	697 (99.9)
1990	85	84 (99.1)	712	712 (99.9)	798	796 (99.8)
1995	117	116 (99.3)	772	771 (99.8)	889	886 (99.8)
2000	131	130 (99.0)	808	807 (99.8)	940	937 (99.7)
2005	136	134 (98.8)	817	816 (99.8)	953	950 (99.6)
2006	146	144 (98.8)	816	815 (99.8)	962	959 (99.7)
2007	152	150 (98.9)	815	814 (99.8)	967	964 (99.7)
2008	155	154 (99.0)	818	816 (99.8)	973	970 (99.7)
2009	145	144 (99.2)	690	689 (99.8)	835	833 (99.7)

（単位：百万トン）〔日本船主協会「日本海運の現状」(2011) より〕

トラック輸送から船舶による海上輸送に貨物を振り替えるモーダルシフトが注目されている。また，日本には多くの島々があることからも海上輸送の需要は高い。

1.3 船の特色

(1) 船とは

「船」とは，水に浮いた「器」により，人や貨物を積載して移動するものをいう。広辞苑によれば「ふね【船・舟・槽】①木材・鉄などで造り，人や物をのせて水上を渡航するもの。②水・酒などを入れる箱型の器」とされ，船舶は「一般に大型のものをいい，海商法上は，商行為をなすために水上を航行する櫓櫂船以外の船。不動産に準じた扱いを受ける」と記載されている。

船の種類は多数あり，使用目的によりその構造も異なるが，船がその役目を果たすための要件として，一般的に以下のようなものがある。

① **浮揚性**：水上に浮かぶ構造を有すること。
② **積載性**：人または貨物を積載する性能を有すること。

③ **移動性**：自ら備えた装置または外部からの力により，水上を移動できる性能を有すること。

これらの3つの要件を備えたものが「船」とされている。

また，船を表す用語はいろいろあるが，それぞれの意味は，およそ次のとおりである。

① **船**：小型船にも大型船にも用いられる水上運搬具の総称。
② **舶**：小型船には用いられず，大型船に用いられる。
③ **船舶**：小舟から大船に至るすべてに用いられる。
④ **舟**：ごく小型の船に用いられ，櫓・櫂を用いて運航する船に用いられる。
⑤ **艇**：舟艇，端艇，汽艇など，小型の船に用いられる。

また，英語では，「船」「舶」「船舶」は Ship および Vessel，「舟」「艇」は Boat で表現される。

(2) 船の効率性

貨物や旅客を輸送する商業目的の商船においては，物資をいかに効率的に，安く，安全に輸送するかがとても重要となる。そのため，大型化，高速化，専用船化が進み，その形態も進化してきている。

貨物船では，船体を大型化して一度に大量の貨物を輸送することにより，輸送コストを下げることができる。しかし，巨大化することによって航行可能領域，運動性能，利用港湾施設などについてさまざまな制約を受けることもあるので，輸送目的に沿った大きさの船が効率の良い船といえる。たとえば，コンテナ船が登場したころは500〜1000個積みのものが一般的であったが，現在では1万個（1万 **TEU**❶）以上のコンテナを一度に運べる巨大コンテナ船が出現している。原油タンカーにおいては，過去に50万重量トンを超える超大型船も存在していたが，現在では20〜30万重量トンのタンカーが主流となっている。

一方，船速についてみると，主に水の抵抗を受けながら航海する船の主機関においては，馬力は速力の3乗に比例して増減する。つまり，速力を2倍にす

るには8倍の機関出力（馬力）が必要となり，それに伴って燃料消費量も多くなってしまうので，過度な高速化は効率的とはいえない。現在は，外航コンテナ船で23ノット前後，外航原油タンカーでは13〜15ノット程度の速力が一般的になっている。

　これからも効率性を考慮した新しい船型や推進装置などの開発によって船は一層進化していくと考えられる。しかし，効率性を重視するあまりに安全性を欠くことがあってはならない。

（3）　船の仕事

　船舶に乗り組んで働く乗組員および船長を船員という。船内組織は大まかに甲板部，機関部，事務部から構成され，総責任者である船長の指揮のもと，それぞれの職務を行っている。船員は，海技資格を有する**職員**（船舶職員）と，職員の指示を受けて任務を遂行する**部員**からなる。図1.3に一般的な外航貨物船の組織図を示す。

① 　船長の仕事

　　船長は船の大小，船員数にかかわらず，船全体の統括者であり最高責任者である。船の安全な運航を達成するため，船長は船内にある者を指揮監督し，その職務を行うために必要な命令を出すことができるほか，さまざまな権限が「船員法」「商法」などの法律により与えられている。

② 　甲板部の仕事

　　甲板部は一等航海士を筆頭に，二等航海士，三等航海士，これら航海士を補佐する甲板部員により構成され，航海全般と荷役に関する業務を担当する。

- **一等航海士**：航海当直のほか，荷役の監督・管理を担当し，船長が何らかの事情で指揮がとれなくなった場合には，一等航海士が船長に代わり船の指揮をとる。
- **二等航海士**：航海当直のほか，航海計器と海図の管理・整備などを担当する。
- **三等航海士**：航海当直のほか，航海日誌と消耗品・備品の管理を担当する。

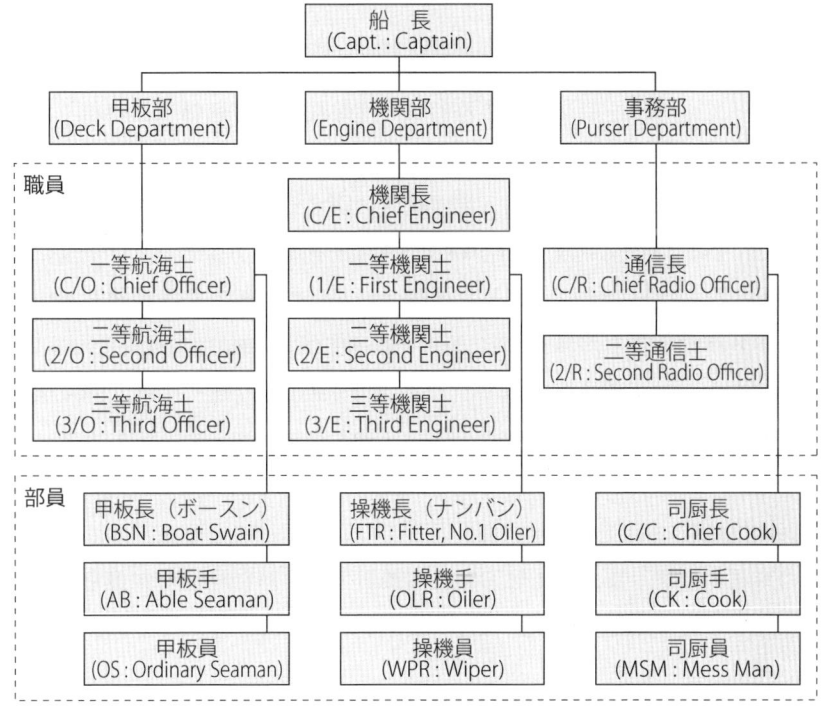

図 1.3　船内組織図

- **甲板長**：一等航海士を補佐して積荷管理をするほか，他の甲板部員を指揮して船体の保守整備作業を行う。

③　機関部の仕事

　機関部は機関長を筆頭に，一等機関士，二等機関士，三等機関士，これら職員を補佐する機関部員により構成され，主機をはじめとする各機器の運転・保守管理業務を担当する。とくに，**一等機関士**は主機を，**二等機関士**は発電機とボイラを，**三等機関士**は船内の電気系統および空調機器，冷凍機を担当し，機関部の責任者である**機関長**が機関部全体を統括する。

　現在，外航船や大型内航船の多くは **M ゼロ船**（Machinery Space Zero Person,機関室の当直無しで主機を 24 時間運転できる設備を備えた船）となっている。

④　事務部の仕事

　現在では大型の客船を除いて，事務長や事務員が乗船することはほとんどなくなっている。一般商船の**事務部**は，通信長と二等通信士，部員である司厨長と司厨員からなっており，通信士は陸上との通信業務のほか，気象情報の入手，遭難信号の受信，出入港手続きに関する事務作業を担当する。

　また，新しい通信制度であるGMDSS（海上における遭難及び安全に関する世界的な制度）により，船長や航海士が適切な無線資格を取得し通信士の職務を兼務することが多くなり，通信士が乗船する船舶は少なくなっている。

　外航日本人船員数は，1974年には約5万7000人であったが，2009年には約2300人にまで減少している。現在，外航船は職員の一部のみが日本人で，残りは外国人船員が乗り組んでいる**混乗船**となっている。

　日本人船員には，船舶運航要員としての役割だけにとどまらず，外国人船員の育成・指導，また陸上においては船員として得た経験や知識を生かした船舶管理・営業支援業務など，多くの役割が求められるようになってきている。

まとめ

　第1章では，船の役割や重要性について述べた。海上技術者は島国である日本にとってたいへん重要な役割を担っている。なかでも船員の仕事は，豊富な経験と技術を駆使し，安全かつ効率的な海上輸送を実現する，社会貢献度の高い重要な仕事である。

◆解説◆

❶　TEU（Twenty-foot Equivalent Units，20フィートコンテナ換算）
　20フィートコンテナを1単位として，港湾が取り扱える貨物量やコンテナ船の積載容量を表す単位。40フィートコンテナを1単位とするFEU（Forty-foot Equivalent Units）という単位もある。

CHAPTER 2

船の歴史

　船を安全に動かし，効率よく活用するには，「船とは何か？」を理解しておくことが必要である。

　「船とは何か？」を少しでも調べると，小さな手漕ぎボートから400mを超える巨大な船まで多種多様な船があり，船は私たちが生まれるずっと以前から存在し，活用されて来たことに気づかされる。船の存在を当然とする人は多いが，船がどのようなしくみで動いているのか，船はどのように造るのか，船は何に活用され，どのように私たちの営みや社会に関係しているのかなどを簡潔に説明できる人は少ない。

　有史以前から存在し，変革を繰り返して現代につながっている船についての知識・技術の概要を理解するには，その歩みや歴史を学ぶことが大切である。本章は，船と船にかかわる技術の歩みの概略を紹介することにより，「船とは何か？」を理解する際の道標とする。

2.1　船の始まり

　船の始まりはいつ頃であったかを考えるには，どのような状況で船が必要とされ，生まれたのかを考えれば答えが得られる。有史以前の人々が川や湖を渡ろうとしたとき，木が浮いて流れている様子を見て，木につかまり，泳ぎながら渡ったことが想像される。流木につかまるものから，やがて，濡れずに乗る形の舟になっていったと思われ，紀元前5000年頃には舟が使われていたことが知られている。メソポタミア，エジプト，インダス，黄河の四大文明は大河の流域にあり，農耕に川の水を利用するだけではなく，川を渡る要求が生まれ

たのも必然である。初期の舟は木を束ねた筏、木をくりぬいた丸木舟、葦（パピルス）を束ねた葦舟、竹を束ねた竹舟、羊などの獣皮をふくらませた浮袋を用いた獣皮舟など（図2.1），さまざまな形として世界各地で生まれ，遺構として残っている舟もある。やがて，人の力を使って進むための道具である櫂（オール）が生まれ，より多くの人や物を運ぶために舟が大きくなっていった。

水の上を移動する舟が生まれた大きな物理的な要因は「人や物を支えられる均一で大きな浮力が生まれること」と「小さな力でゆっくりと動くことができること」である。巨大で高速な現代の船も同じであり，輸送効率の高さが舟や船の持つ最大の長所となっており，7000年後の現在においても，舟や船が存在し，活用されている理由である。

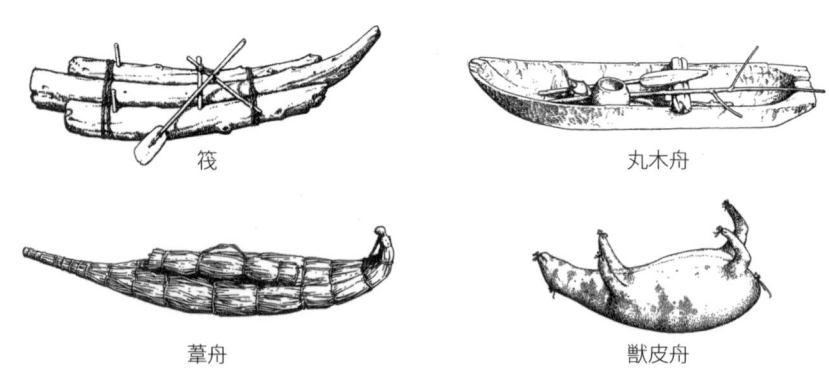

図2.1　人類が最初に造った船
〔ノーベル書房『星と舵の軌跡』p.10の図を基に作成〕

2.2　帆船の誕生と進化

紀元前3500年頃に舟を使って川や湖を渡ることができるようになると，次に，人の力に頼らなくても進むことや，川や湖にとどまらず，海を渡ることへの欲求が生まれた。沿岸域の海を航行する帆船の誕生である。

(1) エジプトの船

エジプトにおいて，紀元前 2600 年頃の 45 m を超える巨大な木船（クフ王の「太陽の船」）が出土しており，船体にインド産木材が使われていたことから，すでにインドへ航海し，交易していたと考えられる。近隣の地と交易していた当時のエジプトの航洋帆船の姿は，紀元前 1300 年頃の王墓埋葬品として出土した船の模型（図 2.2）から推察できる。直進性と稜波性❶を

図 2.2 エジプト王墓から出土した模型船（紀元前 1300 年頃）
〔© Science Museum/SSPL〕

高め，抵抗を減らすために船首尾は細く，高くなり，帆走するための大きな横帆を船央に，船尾両舷に舵取櫂が設置されている。風が無いときや離着岸時には両舷に設置された櫂が使われたことが同時代の他の遺構から明らかとなっている。帆船は交易や戦いに活用されることで発展した。

(2) フェニキアの船

紀元前 12 世紀頃には地中海域の交易に活躍する海運国家**フェニキア**が生まれ，地中海沿岸に多くの植民市を建設し，海上交易を発展させ，多くの帆船が交易品とともに，アルファベットなどの文化の交流も進めた。軍用の 2 段櫂**ガレー船**（図 2.3）が発達し，植民市建設のための海上の戦い，輸送を支えた。ガレー船は船首に相手船に衝突させるための

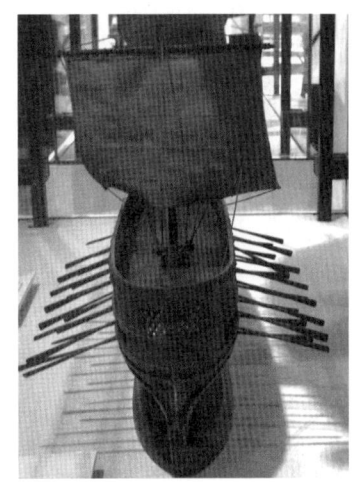

図 2.3 フェニキアの 2 段櫂ガレー船（紀元前 700 年頃）〔© 2010 Deror avi & National Maritime Museum, Israel〕

衝角を，船央に横帆を，船尾両舷に舵取櫂を，船体の主要部に奴隷などに漕がせる2～3段の櫂を設置した軍船であり，帆走軍艦が出現する16世紀まで多くの国で活躍した。

(3) 古代ギリシャの船

紀元前9世紀頃になると，アテネやスパルタなどからなる都市国家である**古代ギリシャ**が，地中海沿岸に多くの植民市を領有し，紀元前338年にアレキサンダー大王のマケドニア王国に敗れるまで，地中海の海上交易を支配した。紀元前5世紀頃の古代ギリシャの絵皿が，軍船は2～3段櫂ガレー船であり，商船は，ガレー船から衝角と櫂を除いた，1枚の横帆による帆走を主とした船であることを示している（図2.4）。紀元前480年のサラミスの海戦（ギリシャ対ペルシャ）におけるギリシャ艦隊の3段櫂ガレー船は170名の漕ぎ手を有し，全長45mであったことが残されている（図2.5）。

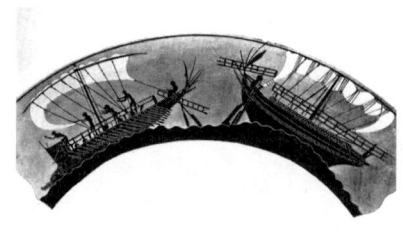

図2.4　古代ギリシャのガレー船（左）と商船（右）が描かれた絵皿（紀元前500年頃）
〔© Science Museum/SSPL〕

図2.5　古代ギリシャの3段櫂ガレー船
〔© Deutsches Museum, Munich〕

(4) ローマ帝国の船

紀元前2世紀頃，**ローマ帝国**がギリシャ，マケドニアを領有し，地中海全域を征服した。4世紀の東西ローマ帝国への分裂まで地中海全域を治め，15世紀の東ローマ帝国の滅亡まで地中海に君臨した。ローマ艦隊の主力は3段櫂ガレ

一船隊であり，150人の兵士と300人の乗組員を載せた5段櫂の大型ガレー船も存在した．

軍船で培われた造船技術が商船建造にも適用され，2世紀頃のローマの商船は十分な貨物槽を持ち，全長は30mを超え，船尾両舷に舵取櫂を備え，船中央のマストにメインセール（横帆(おうはん)）と三角形のトップスル，船首のフォアマストにフォースルの3枚の帆を持つ，高速で直進性の良い帆船となっていた（図2.6）．ローマの商船は，大量の穀物を植民地から本国へ運ぶ必要性から，何世紀にもわたって地中海の交易を担い，海上交易を躍動させた．

図2.6 ローマ帝国の商船（200年頃）

（5） バイキングの船

8世紀から11世紀にかけて，スカンジナビアに住んでいた**バイキング**は，海を渡って，西ヨーロッパの沿海部を侵略した．バイキングはロングシップと呼ばれる喫水の浅い，細長い舟を造り，航海した（図2.7）．出土した**バイキング船**は全長24m，船幅5.1m，両舷に合計32本の長さ5.4mの櫂，右舷船尾に1枚の舵取り板，船中央に横帆を備え，風上にも帆走できた．

図2.7 バイキング船（900年頃）
右舷船尾に舵取り板を装備
〔© 2006 Softeis〕

(6) ハンザ同盟の船

　12世紀に，北ドイツを核とした**ハンザ同盟**（国際的な都市間交易の同盟）が設立された。15世紀には200を超える都市が加盟し，バルト海沿岸地域の貿易を独占，ヨーロッパ北部の経済圏を支配した。バルト海の海上貿易を担ったハンザ同盟の帆走商船がコグ船であり，船尾舵を初めて採用した船といわれている。ハンザ同盟の交易圏であるオランダとイギリスにおいても，船尾舵を装備した船が生まれた（図2.8）。

図2.8　船尾舵を装備したイギリスの船（1426年頃）〔© Science Museum/SSPL〕

　両舷に舵取り櫂を備えた船が誕生してから，13世紀に船尾舵が発明・装備されるまで，約4500年を要したことになる。

2.3　大航海時代

　数十世紀を超える沿岸航海の経験などが造船技術と航海技術の向上を促し，人の知る世界が船により拡大し，大陸と大洋の存在が認識されるようになった。香辛料などのアジアの産物がヨーロッパに陸路でもたらされ，マルコ・ポーロの「東方見聞録」などの冒険家の言葉がアジアへの興味をかき立て，アジアの産物を海路により手に入れるための新航路の開発が求められていた。

(1) 新航路と新大陸の発見

　14世紀には中国で発明された方位磁石が発達した航海用羅針盤[2]と羅針儀海図[3]の発明が航海技術を向上させ，北ヨーロッパと地中海の交流が造船技術を向上させ，大洋を渡るための技術が熟し始めていた。

　15世紀初めに行われたポルトガルのエンリケ航海王子の支援による探検航

海が大航海時代の幕を開き，15世紀後半にはスペインとポルトガルによる新航路や新大陸の「発見」が続いた。

1487年： **バーソロミュー・ディアス**が喜望峰を越え，アジアへの東回り航路の可能性を示唆した。

1492年： **クリストファー・コロンブス**はスペインから西に進めばジパング（日本），カタイ（中国）とインドに到達すると信じ（図2.9），パロスの港を出発し，アメリカ大陸を「発見」するに至った。

1498年： **バスコ・ダ・ガマ**は喜望峰経由でインドのカリカットに達し，翌年，香辛料をポルトガルに持ち帰った。

1519年： **フェルディナンド・マゼラン**は史上初の世界一周を成し遂げた。

コロンブスの業績はアメリカ大陸の「発見」だけではなく，ヨーロッパになかった新大陸の食料・物品・習慣をヨーロッパに，新大陸になかったヨーロッパの食料・物品・習慣を新大陸に紹介し，重大で革新的な文化交流をもたらした。そのため，1492年以降のヨーロッパやアジアなどの旧大陸と南北アメリ

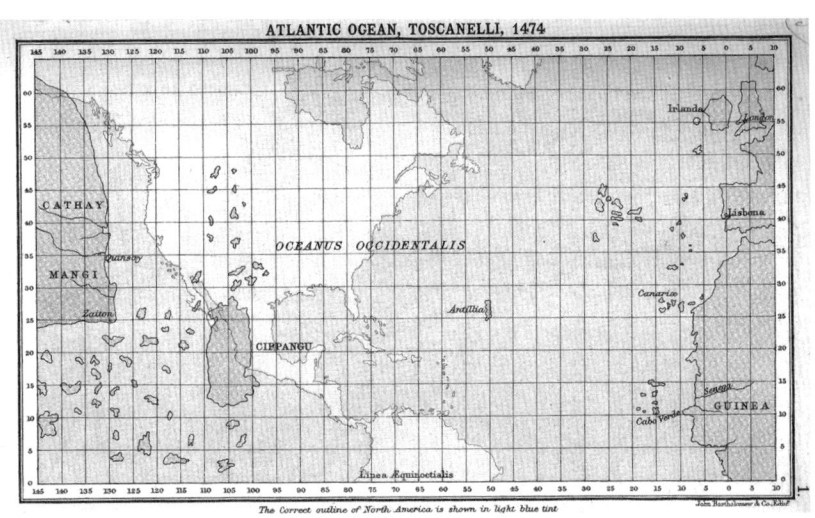

図2.9 アメリカ大陸（図には薄く示されている）が存在しない代わりにCIPPANGU（日本）が描かれていたトスカネリの海図（1474年頃）。コロンブスはこの海図を信じて船出した。

カの新大陸との間の植物，動物，習慣などの交流を「コロンブス交換」と呼んでいる。

コロンブスが運び，ヨーロッパに紹介した代表的なものはゴム，トウモロコシ，ドイツでは主食の一つとなっているジャガイモ，トマト，イチゴ，唐辛子，落花生，アボカド，パイナップル，西洋料理に不可欠なインゲン豆，チョコレートの原料のカカオ，バニラ香料が抽出されるバニラ，今でもマラリア治療に用いられるキニーネのもとになる植物であるキナ，新大陸の住民が寝るときに使っていたハンモックや，巻いた葉に火をつけて煙を鼻から吸い込んでいたタバコなどである。

(2) コロンブスの船隊

コロンブスの船隊は全長29ｍのカラック船の旗艦「**サンタ・マリア**」，全長25ｍのカラベル船「**ピンタ**」と全長24ｍのカラベル船「**ニーナ**」の3隻であった（図2.10，図2.11）。

カラック船は人と物を積んで大洋を航海するために生まれた帆船である。大西洋を渡る長い航海に必要な安定性と輸送力を確保するための長さ,幅, 船首楼と船尾楼を有し，3～4本のマストと横帆・縦帆を組み合わせた帆装を持ち，高い帆走性能を示した。

図2.10　コロンブス船隊が描かれた記念切手
（中央がサンタ・マリア，左はピンタ，右にニーニャ）

図2.11　「サンタ・マリア」の復元船
〔© 2005 Dietrich Bartel〕

カラベル船はポルトガルが開発した帆船であり，地中海用の大三角帆（ラテンセール）を備え，帆の操作性，船体の操縦性に優れた船で，この時代の最も優れた帆船形式の一つとなった。

大洋航海に適したカラック船やカラベル船などの新しい形式の帆船を開発した 15 世紀の造船技術が大航海時代の発見を支えていたのである。

(3) ガレオン船

ポルトガルとスペインは積極的に海洋進出し，新大陸の植民地化やアジア貿易により利益を得て，16 世紀にはスペインはヨーロッパの最強国となっていた。

ポルトガルとスペインに遅れをとっていたが，イギリスも世界の海に進出した。イギリスの**フランシス・ドレーク**は 1577～1580 年に，ガレオン船の「**ゴールデン・ハインド**」を旗艦とする 5 隻の艦隊で西回りの世界一周に成功した。1588 年にはガレオン船の軍艦同士の戦いとなったスペインとの「アルマダ海戦」に勝利して海上権を握り，1600 年に東インド会社を設立，海外進出と植民地化を推し進めた。

ガレオン船は 16 世紀中頃にカラック船を改良して開発された帆船で，カラック船よりも長く，船尾楼は大きく，速力は速く，4～5 本のマストと 1～2 列の砲も備えていた。探検，貿易，移民などに使われるとともに，植民地や貿易利権を求めたイギリス，フランス，オランダの各国間戦争における帆走軍艦（戦列艦）としても使われ，砲 50 門を備えた全長 55 m の船もあった。1620 年にイギリスからアメリカへ清教徒を運んだ移民船「**メイフラワー**」（図 2.12）もガレオン船である。

図 2.12 清教徒をイギリスからアメリカへ運んだガレオン船「メイフラワー」が描かれた記念切手

ガレオン船を原型とした帆走軍艦

は1805年のイギリス対ナポレオン（フランス）の「トラファルガーの海戦」などで活躍し，蒸気機関の軍艦に取って代わられる19世紀中頃まで使用された。

2.4 高速帆走商船の活躍，そして帆船時代の終焉

　17～18世紀，イギリス，オランダ，フランスなどのヨーロッパ列強諸国は植民地を拡大し，東インド会社によるアジア貿易を行うとともに，西インド会社による南北アメリカやオーストラリアなど新世界との貿易も行うようになった。ヨーロッパ-インド間の胡椒をはじめとする香辛料，紅茶，綿織物などの貿易が盛んになり，商船による輸送の重要性と需要が高まった。

　円い地球の海表面を安全に航海するための技術も飛躍的に向上し，メルカトル図法海図の整備や航海暦（れき）の出版も進んだ。1730年のジョン・ハドリー（イギリス）による**八分儀**❹の発明が船上における正確な緯度や天体高度の測定を可能にし，1735年のジョン・ハリソン（イギリス）による**クロノメータ**❺の発明が経度推定を可能とするなど，航海技術は高い輸送需要に応えうるレベルに達しはじめていた。

　19世紀にはヨーロッパ-中国間の茶などの貿易が盛んになり，より速く輸送できる高速な商船が求められ，15ノットを超える速力で帆走する**クリッパー**と呼ばれる高速帆走商船が誕生し，新世界との貿易にも使われた。

① カリフォルニア・クリッパー
　　ニューヨークからケープホーン経由でゴールドラッシュのサンフランシスコまで客を運んだ。
② ティー・クリッパー
　　阿片（あへん）をインドから中国へ，中国茶をイギリスへ運んだ。
③ ウール・クリッパー
　　羊毛をオーストラリアからヨーロッパへ運んだ。

　クリッパーは，ガレオン船を原型として発達した大型帆走軍艦とは異なり，スクーナーという沿岸用の小型快速帆船を前身として，アメリカのボルチモア

で開発された船であり，**ボルチモア・クリッパー**とも呼ばれた。細く長い船体，鋭い船首，3～4本のマストと多数の高い帆を備えた快速・高性能の帆走商船であり，全長70～80mで20ノットを超える速力で快走したクリッパーもあった。

スエズ運河が開通した1869年，全長86mの最新鋭ティー・クリッパー「**カティー・サーク**」（図2.13）が進水した。中国の新茶をイギリスに届ける輸送競争（ティーレース）に勝つために造られた花形クリッパーであった。しかし，スエズ運河経由で航程が大幅に短くなったアジア-ヨーロッパ航路に蒸気機関の商船が投入されると，すぐに高速帆船の時代は終わりを告げ，十分に活躍する機会も与えられないまま，最後のクリッパーとなった。紀元前2600年から続いた海上輸送の主役としての帆船の時代は，こうして終わりを迎えたのである。

図2.13 イギリスのグリニッジで保存，公開されていた「カティー・サーク」（2007年の火災により，現在は公開されていない）

2.5 汽船の誕生から現代まで

1776年に**ジェームス・ワット**（イギリス）が世界で初めて開発した石炭を燃料とする複動式蒸気機関は，全産業の動力源をそれまでの人，馬，水力から蒸気機関に置換し，世界の産業革命・工業化の直接の引き金になるとともに，工業用燃料も薪や木炭から石炭に変わった。**ジョージ・スティーブンソン**（イギリス）は蒸気機関車の実用化に成功し，1825年，ストックトン-ダーリントン間に開通した世界最初の公共鉄道用の蒸気機関車を製作した。

(1) 蒸気船の誕生

蒸気機関による汽船の実用化は多くの人々により試みられた。

ジュフロワ・ダバン（フランス）は1783年に外輪蒸気船「ピロスカーフ」を開発し，ソーヌ川で試運転に成功した。**ジョン・フィッチ**（アメリカ）は1787年に12本の櫂を動かして推力を得るユニークな蒸気船「パーシヴィアランス」（図2.14）を開発し，デラウェア川で試運転に成功した。**ロバート・フルトン**（アメリカ）は1807年に外輪蒸気船「**クラーモント**」（図2.15）を開発し，ハドソン川で実験航海に成功すると，すぐにニューヨーク–オルバニー間の営業航海を始め，商業的にも成功した。

図2.14 ジョン・フィッチのユニークな蒸気船「パーシヴィアランス」〔© FCIT〕

図2.15 営業航海に成功したロバート・フルトンの外輪蒸気船「クラーモント」

(2) 外輪蒸気船の大洋航海

河川を航行する外輪蒸気船「クラーモント」の成功は海を渡る商船を刺激し，大洋を航海する外輪蒸気船も造られた。

アメリカの「サバンナ」は1819年に帆走と汽走を併用しながらイギリスのリバプールに到着し，大西洋を横断した最初の外輪蒸気船となった。イギリスの外輪蒸気船「シリウス」は1838年に汽走のみで大西洋を横断することに成功し，蒸気船による大西洋定期航路を開いた。

(3) スクリュープロペラの発明

外輪蒸気船による大西洋定期航路が開設された頃，外輪に換わる推進器として**スクリュープロペラ**が開発された。

1837年，スウェーデン人の**ジョン・エリクソン**は二重になって逆に反転するスクリュー（二重反転プロペラ）を発明し，まったく同じ年にイギリス人の**フランシス・ペティ・スミス**もネジ式のスクリュー（図2.16）を発明した。スミスのスクリュープロペラはイギリス海軍に採用され，改良を重ね，スクリュープロペラを装備した汽船が増加していった。1843年には，スクリュープロペラが大西洋を横断する全長98mの鉄造蒸気客船「グレート・ブリテン」に装備された。

1845年，イギリス海軍はスクリューと外輪の性能上の優劣をつけるために，同形同出力のスクリュー船と外輪船の綱引き実験を行い，スクリュー船が外輪船を引きずる結果となった（図2.17）。スクリュープロペラの性能の良さが明らかとなり，この実験以降，汽船の推進器はスクリュープロペラとなっていった。

図2.16 フランシス・ペティ・スミスのネジ式スクリュープロペラ（1837年頃）
〔© Science Museum/SSPL〕

図2.17 イギリス海軍はスクリュー船「ラトラー」と外輪船「アレクト」の綱引き実験（1845年）を行い，スクリュー船の性能の高さを確認した。

(4) 鉄船の誕生

19世紀になると大洋を航海する大型の船を造る要求が生まれ，船体は木造船（もくぞうせん）から木鉄交造船（もくてつこうぞうせん），鉄船（てつせん），そして鋼船（こうせん）へと進歩していった。

世界初の鉄造外輪蒸気船「アーロン・マンビー」は1822年にイギリスで建造された。全長は36.6mで，英仏海峡を渡り，セーヌ川で使用された。前述した「グレート・ブリテン」は完全な鉄船として1843年にイギリスで造られた。1858年には，全長210m，幅25.2m，喫水9.1mの巨大な大西洋横断スクリュー旅客蒸気船「グレート・イースタン」がイギリスにおいて鉄で造られた。航洋船としては最初の鋼船「ロトマハナ」（1777総トン）が造られたのは1879年である。

「ロトマハナ」以降，鋼船の建造は急増し，20世紀初めには，新造船はすべて鋼船となっていた。鉄船，鋼船の船体を構成する部材の組み立てはリベットで行われていたが，1920年，イギリスにおいて航洋汽船「フラガー」の全船体が電気溶接により組み立てられ，初めての全溶接船が生まれた。その後，第2次世界大戦中の軍艦や商船の大量建造への適用を経て，現在の全溶接鋼船への道が拓かれた。

(5) 蒸気タービン船，ディーゼル船の誕生

大西洋定期航路では大型化と高速化が求められ，最速船に与えられる「**ブルーリボン賞**」が設けられると，大西洋横断最短航海競争は激しさを増し，低抵抗の船体と高出力機関の開発に拍車がかかった。

① **水槽試験**の始まり

1871年，後に造船学の父と呼ばれるイギリスの**ウィリアム・フルード**が相似模型船の水槽試験を初めて行い，造船学の基盤であるフルードの相似則，水槽試験による船舶抵抗性能推定法などを開発した。これ以降，船体抵抗の低減を求めて，相似模型船の水槽試験を行ってから造船工程に進むようにな

った。

② **蒸気タービン船**の誕生

1897年，イギリスの**チャールズ・パーソンズ**は初めての蒸気タービン船「**タービニア**」（図2.18）を開発し，ヴィクトリア女王の観艦式でデモンストレーションを行った。全長33mの「タービニア」の最大速力は35ノットにも達し，この新しい蒸気機関である蒸気タービンはすぐに海軍に採用されることになった。

当時，往復動蒸気機関（レシプロ）の高出力化が頂点に達しつつあった。蒸気タービン機関は往復動蒸気機関よりも小型で高馬力であったため，高出力機関を求めていた船舶機関として瞬く間に採用され，20世紀後半まで大型船の主機関の主流となった。

図2.18 チャールズ・パーソンズの蒸気タービン船「タービニア」

③ **ディーゼル船**の誕生

1897年，ドイツの**ルドルフ・ディーゼル**は重油を燃料とする内燃機関（ディーゼル機関）の実用化に成功した。大洋を最初に渡った航洋ディーゼル船はデンマークの「シェランディア」である（1912年）。全長113m，ディーゼル機関出力2480馬力（8気筒4サイクル×2基）で，航海速力11ノットの性能を示した。

ディーゼル機関は蒸気タービン機関よりも小型で熱効率も良い。しかし，当時は大型のディーゼル機関を造る工作技術がなく，高出力ディーゼル機関を実現できず，高出力が必要な大型船の機関の主流は蒸気タービン機関であった。

第2次世界大戦後，高い出力と経済性を実現する低速大型ディーゼル機関が開発されると，蒸気タービン機関に取って代わり，大型船はディーゼル船の全盛時代となった。

（6）定期客船の活躍

大陸間の唯一の輸送手段であった船の大型化と高速化が進められ，とくに20世紀初頭から，大西洋定期航路の客船は大きさ，豪華さと速さ（ブルーリボン賞）を激しく競う造船ラッシュが始まり，定期客船の黄金時代を迎えるに至った（表2.1）。

図2.19 大西洋航路の花形豪華客船「クイーン・エリザベス」（1940年）
〔© 1966 Roland Godefroy〕

表2.1 定期客船の黄金時代を飾った代表的な豪華客船

年	船名	国	全長(m)	総トン	主機関/馬力	速力(ノット)
1907	モレタニア，ルシタニア	イギリス	240	32,000	蒸気タービン/7万	25.0
1912	タイタニック，オリンピック，ブリタニック	イギリス	260	46,000	蒸気機関/5万	21.0
1929	ブレーメン	ドイツ	274	52,000	蒸気タービン/9万6千	27.0
1935	ノルマンディ	フランス	299	79,280	蒸気タービン+電気推進/16万	29.0
1940	クイーン・エリザベス，クイーン・メリー	イギリス	300	83,670	蒸気タービン/16万	29.0
1952	ユナイテッド・ステーツ	アメリカ	302	53,329	蒸気タービン/15万8千	29.0
1962	フランス	フランス	316	66,348	蒸気タービン/16万	30.0
1969	クイーン・エリザベスⅡ世	イギリス	294	67,103	蒸気タービン/11万	28.5

（7）現代の船

船の始まりから7千年の時を経過し，多くの造船上，航海技術上の進展を得て，現代の船が存在する。とくに，スエズ運河とパナマ運河の開通，定期客船の黄金時代，2つの大きな世界大戦などを経て，造船と航海にかかわる技術は飛躍的に進歩した。

① 現代船発展の歴史

1871年の相似模型船による水槽試験法，1894年の蒸気タービン船，1920年の全溶接鋼船，定期客船黄金時代の大型高速客船，第2次世界大戦後の高

出力低速ディーゼル機関,大型化を進めた VLCC（Very Large Crude oil Carrier），コンテナ船その他の新しい専用船などの発明・開発は造船技術を大きく飛躍させた。また，1895 年の無線電信，1902 年の無線電話，1904 年のレーダー，1908 年のジャイロコンパス❻の発明や，1993 年の GPS の民間運用開始などは，航海技術全体の革新につながった。21 世紀を迎えた現代も新しい技術が開発・導入され，船は改善と革新を繰り返しながら進化している。

　経済安全運航は今も昔も変わらない商船運航の命題である。技術の進展が船舶自体の安全性を向上させる一方で，省エネルギーや輸送効率などの経済性向上が強く求められており，二重反転プロペラ推進，POD推進❼などの新しい省エネルギー技術の開発と導入，輸送効率の向上を目指した専用船化，高速化と大型化が進められている。

② **コンテナ船**

　高速かつ大型の専用船であるコンテナ船は現代の船を代表する船種である。陸上輸送の規格コンテナを使用した輸送ユニットの共通化により，荷役時間が短縮し，船倉積載効率も向上，加えて航海速力の高速化による輸送時間の短縮により貨物輸送効率を飛躍的に向上させ，国際貨物の海陸一貫輸送という大変革をもたらした。アメリカにあるトラック運送会社のオーナーだったマルコム・マクリーンが考案し，1957 年に最初のコンテナ船が就航した。現在，世界の主要港のすべてにコンテナ荷役設備が整備され，世界中の海運会社がアジア，北米，ヨーロッパなどの主要港間を結ぶ定期航路に多くのコンテナ船を就航させている。

図 2.20　コンテナ船「NYK VENUS」
〔提供：日本郵船〕

2.6 安全な航海を目指した海難との戦い

　船の歴史は，海の上で起こる事故や災害との戦いでもあった。

　古代の船が地中海において，中世ヨーロッパの船がバルト海沿岸などで，それぞれ沈船として見つかっており，暴風雨や座礁などの海難によるものと推定されている。つねに最高の造船と航海の技術を駆使して，安全な航海の成就が目指されてきたが，おびただしい数の海難が発生し，数え切れない人命と船が失われた。しかし，それらの犠牲は教訓を残し，後世の造船と航海の技術を向上させる礎となった。

　商船の使命は経済安全運航である。冒険であった古代の航海でも，情報化時代となった現代の航海でも，それは変わらない。古代から安全な航海を担保する手段が求められてきた。造船と航海の技術開発のみならず，船や積荷の損害を補償する保険制度を生みだし，船の安全性を評価する船級や，事故防止のための国際的な法規制なども行われきた。

(1) 損害保険の始まり

　古代の人々は，船で異国の地にたどりつき，物資を積んで帰港できれば，大きな栄誉と莫大な財産を手にすることができたが，多くの船は帰れなかった。そこで，帰港できなかった場合の損失の補填を求めるしくみが生まれた。

　紀元前 2000 年頃，航海の危険を担保するしくみである「**冒険貸借**」が生まれ，紀元前 4 世紀頃の古代ギリシャ時代の地中海商人によって発展し，広まった。金融業者からの借金で海上貿易を行い，海難などにより船と積荷が消失した場合には借金を返済せず，無事に航海が成就したときには借りた金額に利子を乗せて返却するものである。当時の人たちの海への冒険を支えた制度であり，損害保険制度は海から生まれたのである。

(2) 海上保険と船級協会

14世紀頃のルネサンス時代のイタリアにおいて，**海上保険**（船舶に関する損害保険）に相当する損害補償制度が始まり，18世紀のイギリスにおいて近代的保険制度として整備され，海上保険制度が確立した。ロンドンのエドワード・ロイドのコーヒー店に保険取引情報を交換するために保険引受人が集まるようになり，ロイドが船舶や海運の情報を載せた新聞「ロイズ」（Lloyd's News）を発行した。その後，会員組織の保険組合が結成され，現在の世界最大の保険市場「**ロイズ**」に発展した。

さらに，国，船主（せんしゅ），荷主（にぬし），海運業者とは独立して保険の対象となる船舶と装備品の安全性を評価・検査するために，最初の船級協会「**ロイド船級協会**」が設立され，ロイドが発行した新聞にならって，各船舶の安全性を評価・分類した船舶登録簿を発行することになった。船級協会が船の安全性を客観的に査定することは船の安全性の確保と標準化を大きく進めた。現在，外航船舶は必ずどこかの船級を有しており，船舶と船荷（ふなに）は船級に基づく海上保険で担保されている。

(3) 大規模な海難，油流出事故の発生

20世紀初頭からの船舶輸送の興隆は海上交通の輻輳（ふくそう）化を生み，船舶同士の衝突などの新たな海難が発生した。高速化と大型化が進められた船舶の海難は，必然的に規模の拡大を伴うことになった。

大規模で悲惨な海難事故として忘れてはならないのが「**タイタニック**」（図2.21）の遭難・沈没である。1912年，

図2.21 1912年の処女航海で氷山に衝突・沈没した「タイタニック」。当時，海難史上最大の事故となった。

イギリスの「タイタニック」は処女航海で氷山に衝突・沈没し、犠牲者が 1500 人を超える大惨事となった。二重底構造の船底、16 の水密区画に仕切られた船体から、不沈船と呼ばれたにもかかわらず、あっけなく沈んだ。また、乗員と乗客を合わせて 2200 人に対し、その 1/3 の収容力の救命艇しか装備されておらず、犠牲者を増やすことになった。

　20 世紀後半になると大型タンカーの重大な油流出事故が相次いで発生するようになった。1967 年、リベリア籍の大型タンカー「**トリーキャニオン**」(11 万 8285 載貨重量トン)はイギリス南西部のシリー島とランズエンドの間の浅瀬に座礁、11 万 9000 トンの油を流出し、イギリスとフランスの海岸 300 km を汚染した。1989 年にはアメリカ・エクソン社の VLCC「**エクソン・バルディス**」(21 万 4861 載貨重量トン)がアラスカのプリンス・ウィリアム湾で座礁し、原油約 4 万トンを流出、アラスカの海岸線 2400 km を汚染した。

(4) 船の安全規制の国際化と強化

　人と物の国際輸送を担う大型船の度重なる大規模海難と重大な油流出事故の発生をきっかけにして、船の安全性確保のために政府間海事協議機関 (IMCO: Inter-Government Maritime Consultative Organization)、現在の**国際海事機関** (IMO: International Maritime Organization) が設立され、国を超えた法的規制の制定と強化が行われた。

① SOLAS 条約

　1912 年の「タイタニック」の悲惨な衝突・沈没事故を契機として、船体の構造、救命設備、無線設備などの船舶の安全性確保について、条約の形で国際的に取り決める気運が高まり、1914 年に「最大搭載人員を満たす救命艇の装備」や「無線電信による遭難信号の 24 時間聴取」などの安全対策を義務づける **SOLAS 条約**(海上における人命の安全のための国際条約)が締結された。その後、度重なる改正が行われ、「旅客船の区画配置、防火構造等の要件の強化」「レーダーと自動衝突予防援助装置の装備義務」「VHF 無

線電話，GMDSS（Global Maritime Distress and Safety System：海上における遭難及び安全に関する世界的な制度）の装備義務」などのほか，技術革新に対応した項目が加えられている。

② MARPOL条約，STCW条約

1967年の「トリーキャニオン」の油流出事故は甚大な海洋汚染を引き起こし，IMOにおいてタンカー事故時の油流出量の抑制策を検討する契機となり，1973年に**MARPOL条約**（マルポール）（海洋汚染防止条約）が締結された。また，事故がヒューマンエラーに起因するものであったことから，船員の技能に関する国際基準の必要性が高まり，1978年，IMOにおいて**STCW条約**（船員の訓練及び資格証明並びに当直の基準に関する国際条約）が採択されるに至った。

まとめ

船の歴史とは先人たちの造船と航海の軌跡であり，後世のあなたたちへの教訓の連なりでもある。素直に受け止め，謙虚に学び，船の運用上の貴重な知識や疑似体験として，有効に活用することを切望する。

◆解説◆

❶ 稜波性
船体が，海の大きなうねりや波のなかで，針路を保って走れる性能を意味する。

❷ 羅針盤
11世紀に，磁石の作用を用いて方位を示す方位磁石（コンパス）が発明された。この方位磁石を揺れる船上で使えるように改良した装置が航海用の羅針盤である。

❸ 羅針儀海図
写実的に描かれた港や海岸線とともに，羅針盤が使えるように，磁石の32方位を示す放射状の直線群が示された航海用の地図である。

❹　八分儀

　　天体・物標の高度（水平からの角度）や，水平方向の角度を正確に測る道具で，航海や測量に用いられ，角度測定範囲が45°（360°の八分の一）であることから八分儀と呼ばれた。

❺　クロノメータ

　　船の揺れや温度変化に影響されない，高精度な携帯用ぜんまい時計のことである。18世紀以降，船の経度は時刻と太陽の位置から測定されるようになった。この経度を測るのに不可欠な時刻を知るために，揺れる船上でも長期間にわたって正しい時を刻む高精度の時計（クロノメータ）が利用された。

❻　ジャイロコンパス

　　自転する地球表面において，高速回転するコマ（ジャイロスコープ）の回転軸を水平に保った場合，回転軸が南北を向くことが知られている。この指北作用を用いて方位を知る道具がジャイロコンパスであり，現代のほとんどの商船に装備・活用されている。

❼　POD推進

　　POD推進は Podded Propulsion System の略で，新しく開発された，水平旋回可能な繭型の電動プロペラ推進装置のことである。スターンスラスタを必要としない優れた操縦特性などから，新しい船型の商船などに採用され始めている。

シーマンシップ（Seamanship）

　「スマートで，目先が利いて，几帳面」「海上生活の任務を円滑に遂行するための基本となるたしなみや技能」「船乗りとしての基本的な心構え」というような意味で用いられている。

　本来「シーマンシップ」とは，航海をするために必要な船舶の運用技術のことであり，この技術から転じて，シーマンとしての基本技術，チームワーク，資質などの適合性も含めた広い意味にも用いられるようになったといわれる。

　たとえば，本書のタイトル『船舶の管理と運用』を一つの英単語で表せば「Seamanship」となる。

CHAPTER 3

船の種類と構造

　船舶を分類する場合，法律上における扱い，推進器，動力機関などいくつかの方法が挙げられるが，ここでは運搬する貨物の種類により船舶を分類する。船舶は運搬する貨物の形状に合わせて効率の良い内部構造となっており，この章ではそれらの各部名称と特徴について学ぶ。

3.1　船の種類と用途

(1)　旅客船（Passenger Ship）

　旅客船は旅客の運搬を目的とした船で，居住性と安全性をとくに重視している。ここでいう旅客船とは，船舶安全法では12人，海上運送法および港湾運送事業法では13人以上の旅客定員を有する船舶と定義されている。そのため，大型のクルーズ客船（図3.1）のほか，レストラン船や小型の遊覧船も旅客船に属している。島嶼部と本土を短時間で結ぶ航路に就航している水中翼船やホバークラフトといった特殊な推進機構を持つ高速船もこれに含まれる。

図3.1　旅客船

(2)　貨客船（Cargo-passenger Ship）

　貨客船は旅客のみでなく，貨物も同時に輸送することを目的とした船である。

人間とともに車を運ぶ旅客船兼自動車渡船（フェリー，図3.2）や電車の車両を運ぶ貨物車両渡船（鉄道連絡船）もこれに含まれる。

(3) 一般貨物船
（General Cargo Ship）

図3.2　貨客船

一般貨物船は港や海上でよく見る雑貨などを運ぶ船である。なかには甲板上にデリック❶やクレーンを装備しているものもあり（図3.3），このタイプの船は荷役設備のない港でも貨物の積み降ろしができることが特徴である。また，船倉に障害物がないために貨物の形状を選ばずに積載することができるほか，ハッチカバー❷上にコンテナも積むことができる構造になっている。

図3.3　一般貨物船

(4) コンテナ専用船（Lift On／Lift Off 船）

コンテナ専用船は積載する貨物をコンテナ化された貨物のみに限定した船で，船体動揺に対するコンテナの保持と積載効率を向上させるため，船倉には貨物コンテナの大きさに合わせた「セルガイド」が取り付けられており，これによってコンテナを固定する。

また，全体的な輸送効率を向上させるためにクレーンなどの荷役設備を装備せず，荷役は専用のコンテナターミナルにおいて，ガントリークレーンと呼ばれるコンテナ荷役に特化した大型のクレーンによって行う（図3.4）。

コンテナ専用船の大きさを表す呼び

図3.4　荷役中のコンテナ専用船

44

名として，通過できる運河や海峡を冠した名称が使用される。パナマ運河を通航できる限界の大きさである**パナマックス**（船幅 32.3 m，喫水 12 m），スエズ運河を通航できる限界の大きさである**スエズマックス**（喫水 16 m），マラッカ海峡を通航できる限界の大きさである**マラッカマックス**（喫水 25 m）などがある。なお，パナマックスという名称はコンテナ船に限らず，鉱石船やタンカーでも用いられる。

(5) ばら積み貨物船（Bulk Carrier, Bulker）

ドライカーゴと呼ばれる穀物や鉱石，セメントなど，梱包されていない貨物を輸送する船を総称して**ばら積み貨物船**と呼ぶ。輸送貨物の種類によっては専用の荷役設備（セルフアンローダーと呼ばれるベルトコンベアやグラブバケット❸など）を装備しているものもある。

ばら積み貨物船は世界中で運航している商船の約 4 割近くを占めており，積載する貨物の種類による分類も多彩である。また，ばら積み貨物船の大きさを表す基準としては，一般的に表 3.1 に示す名称が使用される。

ハンディサイズは手頃な大きさで，世界のほとんどの港に出入港できる利便性よりこの名称がついている。**ケープサイズ**は喫水が 18.91 m 以上でスエズ運河やパナマ運河を航行できず，大洋間を移動するために喜望峰やホーン岬を周回せざるをえない船を指し，タンカーの場合は VLCC や ULCC という別の呼び方となる。

図 3.5　ばら積み貨物船〔提供：日本郵船〕

表 3.1　ばら積み貨物船の大きさ

名称	載貨重量トン数
小型	〜 10,000
ハンディサイズ	10,000 〜 35,000
ハンディマックス	35,000 〜 60,000
パナマックス	60,000 〜 80,000
ケープサイズ	80,000 〜

(6) ロールオン・ロールオフ船（Roll On／Roll Off 船）

　トレーラーに積んだままの貨物，パレットに積んだままの貨物，自動車などを収納する車両甲板を持ち，船首または船尾のランプウェイ❹からフォークリフトまたはトラックで積み降ろしをする。コンテナ専用船のように専用の荷役設備を必要としないため，地方港湾への輸送手段として活躍している。

　なお，貨客船のフェリーも同じような構造であるが，RORO船はあくまで貨物船であり，一般の旅客や乗用車を乗せることはない。また，契約した業者が荷役を行うなどの点でも異なる。

図3.6　RORO船〔提供：商船三井〕

(7) 自動車専用船（Pure Car Carrier）

　自動車のみの輸送を目的とする船で，内部は自動車を駐車する広大な甲板が何層もある構造となっている。自動車の積み込みはランプウェイから乗り入れ，甲板間を自走させることで行う。また，大型バスやトラック，建設機械なども積載できるように，甲板の高さを調節することも可能である。

　近年では効率を高めるために大型化する傾向にあり，大きいものでは約6000台の乗用車を積載することができる。

図3.7　自動車専用船〔提供：商船三井〕

(8) タンカー（Tanker）

① 油槽船（Oil Tanker）

　油槽船は代表的なタンカーであり，原油を輸送する**オイルタンカー**（図3.8）

と，精製された重油や軽油を輸送する**プロダクトタンカー**に分類される。油槽船は輸送量に対する燃費がとくに重視されるために大型であり，荷役は一般的に喫水による制限のないシーバース❺で行われる。

なお，油槽船の大きさは貨物の最大積載量の重量を示す載貨重量トン数により，表3.2に示す名称が使用されている。VLCCはVery Large Crude Oil Carrier，ULCCはUltra Large Crude Oil Carrierの略で，共にスエズ運河やパナマ運河を通航できない大型タンカーである。**アフラマックス**は運賃指数であるAFRA（Average Freight Rate Assessment）に由来し，VLCCやULCCでは通航できない運河や港へもアプローチできる中型タンカーである。

図3.8 オイルタンカー〔提供：日本郵船〕

表3.2 タンカーの大きさ

名称	載貨重量トン数
パナマックス	50,000 〜 80,000
アフラマックス	80,000 〜 120,000
スエズマックス	150,000
VLCC	200,000 〜 300,000
ULCC	300,000 〜

② **LNGタンカー**（Liquefied Natural Gas Tanker）

LNGタンカーは常温では気体であるLNG（液化天然ガス）を冷却して液化し，大型の低温断熱タンクに充填して運搬するタンカーである。タンクは**球形タンク方式**（図3.9）と船体構造で圧力を吸収する**メンブレン方式**の2通りがある。

図3.9 LNGタンカー

③ **LPGタンカー**
（Liquefied Petroleum Gas Tanker）
LPGタンカーはプロパンやブタン

図3.10 LPGタンカー

などのLPG（液化石油ガス）を輸送するタンカーで，LNGタンカーと同様に低温にするか加圧することによってガスを液化してタンクに充填している。

④　**ケミカルタンカー**（Chemical Tanker）

　ケミカルタンカーはベンゼンやトルエン，アルコール類などの液体化学薬品を運搬するためのタンカーであり，他の種類のタンカーより小型のものが多い。また，積荷が化学薬品であるため，タンクやパイプには腐食しにくい材質を用いたり，コーティングするなどの処置をしている。

(9) 重量物運搬船（Heavy Cargo Carrier）

　重量物運搬船は建設用の大型重機や船舶，橋梁（きょうりょう）などを運搬するための船で，重量物を積載するために船倉や甲板などが強化されている。大型で強力なヘビーデリックを備えた**LOLO**（Lift On／Lift Off）方式や，車両などで積み降ろしする**RORO**（Roll On／Roll Off）方式のほか，自船を水面下まで沈めて船舶など浮かんでいる貨物を固定し，浮上することにより搭載する**FOFO**（Float On／Float Off）方式がある。

(10) 木材運搬船（Timber Carrier）

　木材運搬船は原木や製材を輸送するための船で，甲板上に設置したクレーンでこれらの木材を船倉や甲板上に積載する。船体の動揺による荷崩れを起こさないよう，船側にガイドを備え，荷役後にラッシング（固縛）を行う。

図3.11　木材運搬船〔提供：日本郵船〕

(11) タグボート（Tugboat）

　タグボートは港湾で大型船舶の離着岸操船を援助したり，バージ（はしけ）

図3.12　タグボート

を曳航したりするために強力なエンジンを搭載し，速力よりも推力を重視している。また，「**オーシャンタグ**」と呼ばれる，外洋において海難を起こした船舶の救助や大型の海上構造物を曳航するためのタグボートもある。

3.2 各部名称

(1) 甲板部

① 甲板の種類
- 上甲板（Upper Deck）
 船体の最上層の全通甲板である。
- 船楼甲板（Superstructure Deck）
 船楼の天井となる甲板で，船首であれば船首楼甲板，船尾であれば船尾楼甲板と呼ぶ。船によっては全通となる場合もある。
- 強力甲板（Strength Deck，図 3.13）
 最上層にあって，船体縦強度の主力となる甲板を強力甲板と呼ぶ。一般的には上甲板が強力甲板となるが，低船首尾楼甲板や船の長さの 15 ％を超える長さを持つ船楼甲板については強力甲板として扱われる。

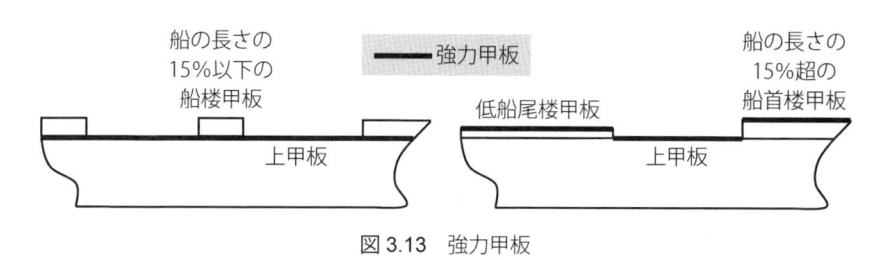

図 3.13 強力甲板

② ビーム（Beam，図 3.14 ④）
 両舷のフレームとフレームを結びつける骨材で，船外からの水圧を支えている。また，甲板にかかる荷重を支え，甲板を補強する働きをする。

③ デッキストリンガ（Stringer Plate，図 3.14 ②）

鋼甲板の舷側の縁に張られた鋼板で，他の鋼板より厚い鋼材を用いている。船首から船尾まで全通し，その間の各ビームを連結しているため，舷側の強度および船の縦強度を増している。

④ ブルワーク（Bulwark，図 3.14 ①）

波浪の打ち込み防止と通行安全のために設けられた高さ 1m 以上の舷側壁をブルワークと呼ぶ。打ち込んだ水を速やかに排出するための放水口を設けている。

（2） 船側部

① 外板（Shell Plating）

- ガーボード（Garboard Strake，図 3.14 ⑪）

　　キールに沿って貼り付けられる左右各 1 列の外板で，キールと船底外板をつなぎ合わせて縦強度を増している。平板キールの場合は船底外板に含まれ，ガーボードに相当する部分を A 外板と呼んでいる。

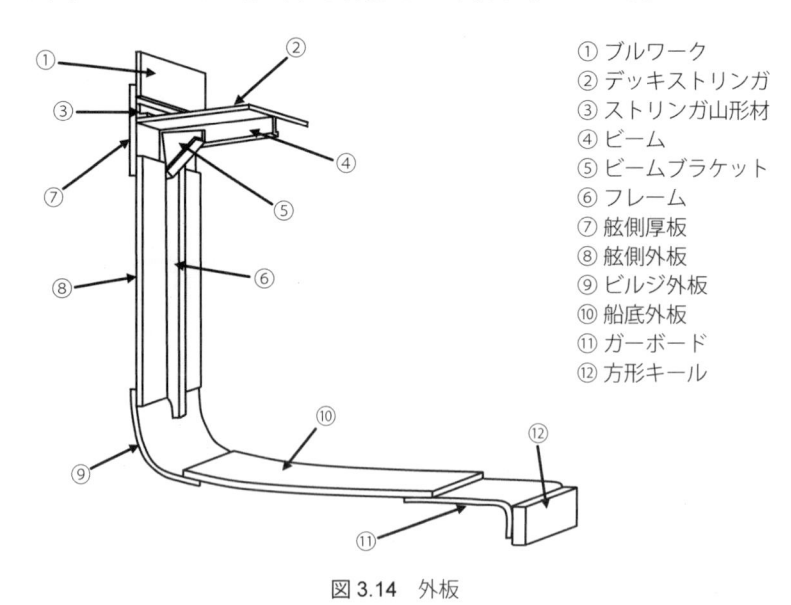

① ブルワーク
② デッキストリンガ
③ ストリンガ山形材
④ ビーム
⑤ ビームブラケット
⑥ フレーム
⑦ 舷側厚板
⑧ 舷側外板
⑨ ビルジ外板
⑩ 船底外板
⑪ ガーボード
⑫ 方形キール

図 3.14　外板

- **舷側厚板**(げんそくこうはん)（Sheer Strake，図 3.14 ⑦）

 舷側外板と最上部の甲板である強力甲板を連結させるために張られた外板で，舷側外板よりも厚くして縦強度を増している。

② **フレーム**（Frame，図 3.14 ⑥）

 甲板から船側に沿って船底に至る骨材で，ビームと共に船の枠組みを作り，外板にかかる水圧を支える。機関室や，重量物を積載する船倉，長大なハッチを持つ船倉など，横強度が不足する部分においては，鋼材を組み合わせた組立フレームである特設フレームを，フレーム数本おきに設置する。

(3) 隔壁（Bulkhead）

① **水密隔壁**（Watertight Bulkhead）

 隔壁は船体を船底から上甲板まで達する区画で分け，船体の損傷による浸水の防止と火災時の延焼防止，横強度の増加，貨物の積み分けといった役目を持つ。

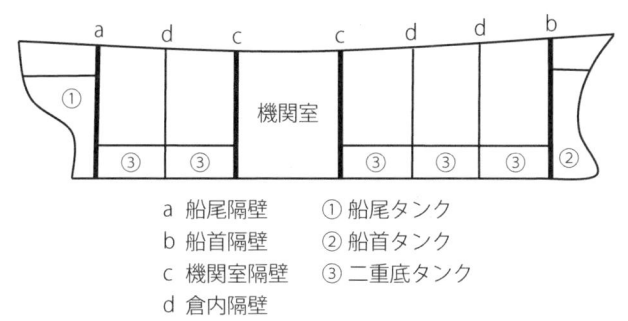

```
a 船尾隔壁    ① 船尾タンク
b 船首隔壁    ② 船首タンク
c 機関室隔壁  ③ 二重底タンク
d 倉内隔壁
```

図 3.15　隔壁構造

② **水密扉**（Watertight Door）

 水密扉は，通常は通行することが可能であるが，浸水あるいは火災時に遠隔操作で閉められるようになっている。なお，万一ブラックアウト❻などにより作動しない場合においても，手動で開閉できるようになっている。

(4) 船底部

① 二重底構造（Double Bottom）

単底構造（図 3.16）と比較して，二重底構造（図 3.17）は上部に内底板（タンクトップともいう），側面に縁板を張って水密構造としているため，船底が損傷しても燃料油の漏洩や浸水を食い止められる。

内部は中心線ガーダやサイドガーダで区画に仕切り，それぞれの区画をバラストタンクや燃料油タンク，清水タンクとして使い分ける。それにより，空船航海における喫水調整やトリム調整をすることも可能である。

① 中心線キールソン
② フロア板
③ サイドキールソン
④ フレーム
⑤ 平板キール
⑥ リンバーホール

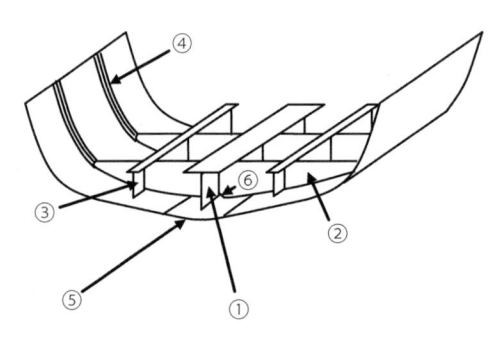

図 3.16　単底構造

① 中心線ガーダ
② サイドガーダ
③ 実体フロア
④ 平板キール
⑤ ブラケット
⑥ 外側ブラケット
⑦ 縁板
⑧ ビルジキール
⑨ 内底板

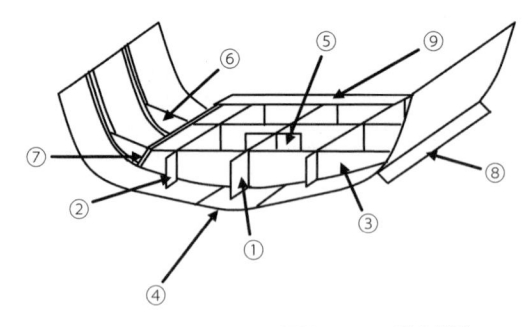

図 3.17　二重底構造

② 二重船殻構造（Double Hull）

大規模な環境汚染を引き起こした1989年の「エクソン・バルディス」の原油流出事故を契機に，国際海事機関（IMO）においてタンカーの油流出事故の再発防止対策が検討された。MARPOL条約（海洋汚染防止条約）の1992年の改正においては，タンカーに対して，船底のみが二重である二重底構造に加え，船側をも二重とした二重船殻構造が強制化されるに至った。

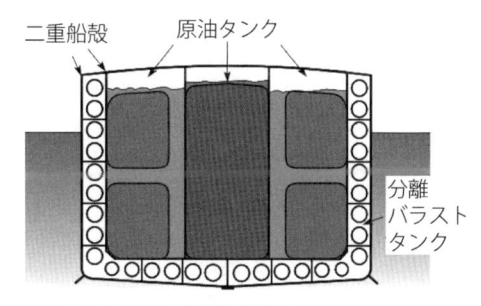

図 3.18　二重船殻構造〔© 2008 Tosaka〕

③ ビルジキール（Bilge Keel，図 3.17 ⑧）

ビルジキールは船底外板の湾曲部に沿って取り付けられた板状の部材で，船体の横揺れを抑える働きをする。停止中でも効果があり，ほとんどの船舶に取り付けられている。

④ キール（Keel）

船底中央部に取り付けられた縦通材で，木船では方形キール（図 3.14 ⑫），鋼船では平板キール（図 3.16 ⑤，図 3.17 ④）が主流である。

(5) 船首部

航海中，船首船底部が波に叩きつけられるスラミングや，波を正面から受けるパンチングにより連続的な衝撃が加わる。そのため船首部は，パンチングストリンガやパンチングビーム，ディープフロアなどの部材により，またフレームスペースを狭くすることで，特別に補強した**パンチング構造**（図 3.19）となっている。

また，船首部はタンクとして使用されるため，制水板により自由水影響❼を軽減している。

① パンチングストリンガ
② パンチングビーム
③ 制水板
④ ブレストフック
⑤ ディープフロア
⑥ 船首隔壁

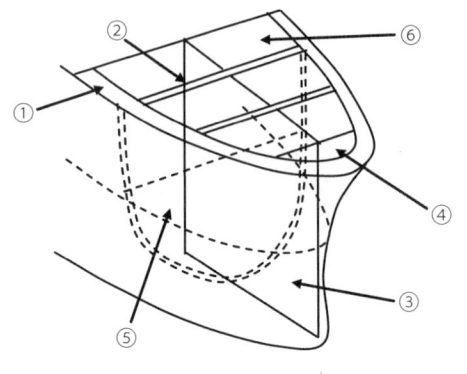

図 3.19　船首パンチング構造

(6) 船尾部

　船尾部は追い波❸の打ち込み（プープダウン）やスクリュープロペラの振動があり，またプロペラの回転によって放出流が外板に叩きつけられるため，船首部と同じように堅牢な構造となっている。

3.3　構造様式

(1)　横肋骨式構造（横式構造）（図 3.20）

　ビーム，フレーム，フロアからなる枠組みを中心とした簡素な構造であるが，船内に突出する部材が少ないため船内を広く使うことができる。強度の信頼性は高いが，縦強度がやや弱いために中小型船に適している。

(2)　縦肋骨式構造（縦式構造）（図 3.21）

　縦隔壁などの縦強度材を多く配置しているために鋼材の厚さを増す必要がなく，船体重量を軽減することが可能である。ただし，倉内に突出する部材が多いため，タンカーなどの液体貨物船で用いられる。横肋骨式と比較すると組み立てに手間がかかり，船首尾部の構造が複雑になる。

CHAPTER 3　船の種類と構造

<横強度材>
① 甲板ビーム
② 実体フロア
③ 甲板間フレーム
④ 倉内フレーム
⑤ ビームブラケット
⑥ 二重底ブラケット

<縦強度材>
⑦ 甲板
⑧ 船側外板
⑨ 内底板
⑩ 中心線ガーダ
⑪ キール
⑫ ビルジキール
⑬ サイドガーダ
⑭ 船底外板

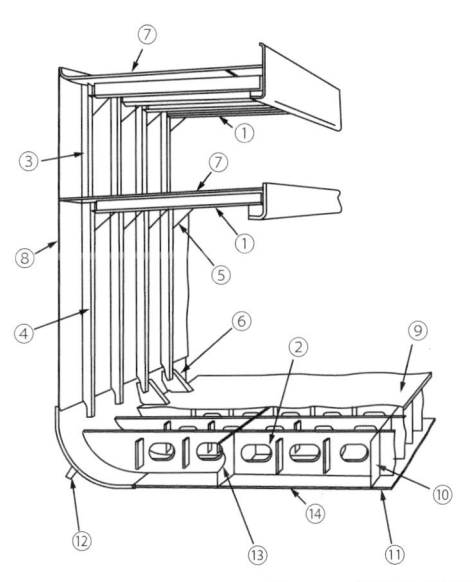

図 3.20　横肋骨式構造

<横強度材>
① 甲板横桁
② 支材
③ 船底横桁
④ 船側横桁

<縦強度材>
⑤ 甲板
⑥ 船側外板
⑦ 船底外板
⑧ 縦ビーム
⑨ 船側縦フレーム
⑩ 縦隔壁
⑪ 甲板下ガーダ
⑫ サイドガーダ
⑬ ビルジキール

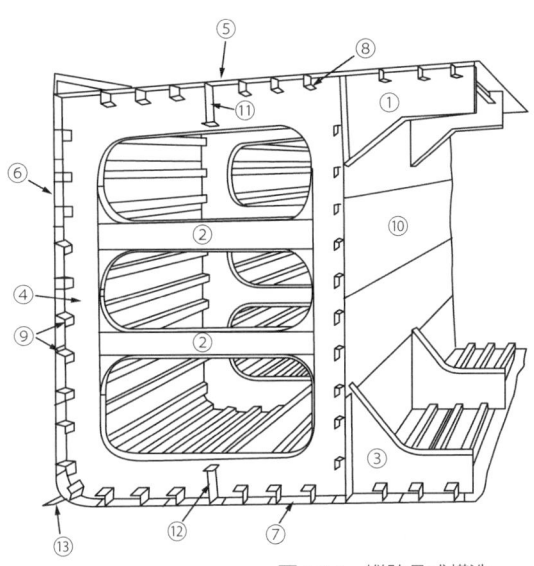

図 3.21　縦肋骨式構造

(3) 混合肋骨式構造（縦横混合式構造）

　横肋骨式と縦肋骨式のそれぞれの長所を取り入れ，甲板部および船底部に縦肋骨式，船首尾部および船側部に横肋骨式を採用した構造様式である。横肋骨式構造の貨物の積載しやすさと，縦肋骨式構造の縦強度の強さを両立しているため，一般貨物船やばら積み貨物船などに広く用いられている。

＜横強度材＞
① 甲板ビーム
② 実体フロア
③ 甲板間フレーム
④ 倉内フレーム
⑤ ビームブラケット
⑥ ブラケット

＜縦強度材＞
⑦ 船側外板
⑧ 内底板
⑨ 船底外板
⑩ 中心線ガーダ
⑪ キール
⑫ ビルジキール
⑬ サイドガーダ
⑭ 甲板下ガーダ
⑮ 内底縦フレーム
⑯ 船底縦フレーム
⑰ 縦ビーム
⑱ 縁板
⑲ 甲板

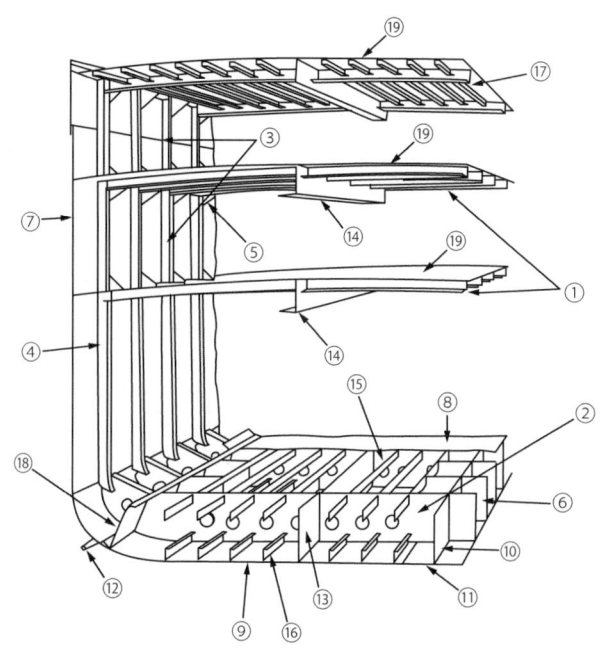

図 3.22　混合肋骨式構造

3.4 船の外形と要目

(1) 長さ（Length，図 3.23）

全長（Length Overall：L.o.a.）とは，船の船首前端から船尾最後端までの水平距離をいい，最も一般的に使用される。海上交通法規適用の際に用いられ，操船上も把握が必要な長さである。

垂線間長（Length Between Perpendiculars：Lpp）とは，計画満載喫水線上における，前部垂線と後部垂線の間の水平距離をいう。後部垂線は舵柱後面を通る垂線である。船舶設計の際，流体力学上の計算に用いられる。

(2) 幅（Breadth，図 3.24）

全幅（Extreme Breadth）とは，船の最も広い部分における外板の外面から外面までの水平距離をいう。**型幅**（Molded Breadth）とは，船の最も広い部分におけるフレームの外面から外面までの水平距離をいう。

(3) 深さ（Depth，図 3.24）

船の長さの中央部において，キールの上面から上甲板ビームの船幅における上面までの垂直距離をいう。

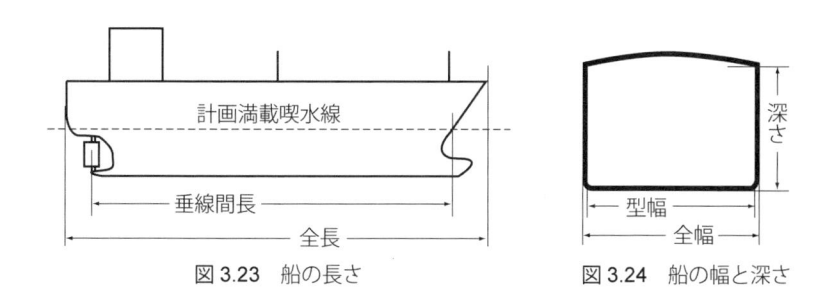

図 3.23 船の長さ

図 3.24 船の幅と深さ

3.5 船のトン数

船の大きさを表すトン数には，容積を表すものと重量を表すものがある。総トン数と純トン数は容積トン数であり，排水トン数と載貨重量トン数は重量トン数である。

(1) 総トン数（Gross Tonnage）

船舶の閉囲場所の合計容積を立方メートルで表した数値から，一定の除外場所の合計容積を控除して得た数値に，国土交通省令で定める係数を掛けたもの。船舶の大きさを表す最も代表的なトン数であり，船舶検査証書，船員手帳，公用航海日誌などに記載される。

(2) 純トン数（Net Tonnage）

船舶の貨物積載場所の合計容積を立方メートルで表した数値から，一定の除外場所の合計容積を控除して得た数値に，国土交通省令で定める係数を掛けたもの。旅客および貨物積載スペースの大きさを示す指標として利用される。

(3) 排水トン数（Displacement Tonnage）

船体，機関および船舶のすべての構造物・積載物を含めた重量である。その時々の貨物，燃料，水その他，積載物一切の重量を含む。積荷量や積荷による重量変化が小さい軍艦などに用いられる。

これが浮力と均衡して船体姿勢が保たれるため，喫水を計測して船体が排除した水の重量を計算することにより得られる。

(4) 載貨重量トン数（Deadweight Tonnage）

積荷満載時における船舶の全重量と，船自体の重さを示す軽貨重量との差が**載貨重量トン数**である。船舶に積載可能な貨物，燃料，水などの全重量を表し

ているので，タンカーや専用船の大きさは載貨重量トン数によって示される場合が多い。

3.6 喫水などの記号

(1) 喫水標（図 3.25）

喫水標（ドラフトマーク）は，大型船では船首，船尾および中央部の両舷に明瞭かつ耐久性のある方法で標示されており，その標示形式が「満載喫水線規則」などで定められている。すなわち，文字の垂直方向の寸法および間隔は各 10 cm，文字の太さは 2 cm とされ，1 m 毎に「M」の文字でメートルが表示されている。これを目盛りとして読み取った水面の位置が喫水の値となる。

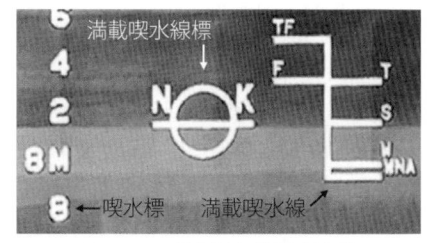

図 3.25　喫水標と満載喫水線

(2) 満載喫水線（図 3.25）

船舶の安全性を保ち予備浮力を確保することのできる最大限の喫水が，船の種類，大きさ，航行区域などにより定められており，それを示す**満載喫水線**を船体中央部両舷に標示する。

(3) 船名および船籍港

船名は，周囲から確認することができるように船首両舷と船尾部に標示する。また，船舶を登録している港を**船籍港**と呼び，船尾部に標示する。

図 3.26　船名および船籍港の標示

(4) その他

① **バルバスバウ（球状船首）マーク**
　船首が球状に大きく突き出しているため，注意喚起を目的として船首両舷に標示する。

② **プッシュマーク**
　船体をタグボートで押させる場合に強度上問題のない船体外板の位置を示すために，プッシュマークが標示される。図3.27のようなT字のほか，線状のものもある。

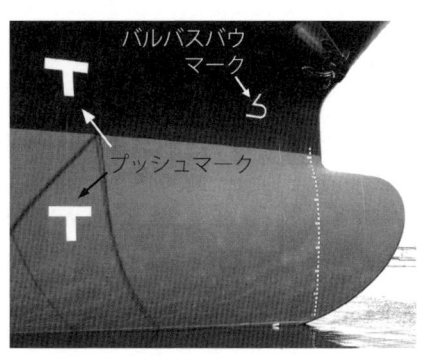

図3.27　バルバスバウマークとプッシュマーク

③ **スラスタマーク**
　船首または船尾付近の船体に左右を貫通するトンネルを設け，その内部で回転するプロペラにより，離着岸時の左右方向の移動を容易にするものを**サイドスラスタ**（とくに船首にあるものはバウスラスタ，船尾にあるものはスターンスラスタ）と呼ぶ。トンネル付近では吸引流または圧流が生じて危険なため，スラスタ付近の船側に図3.28のようなマークを標示している。

図3.28　スラスタマーク

まとめ

　グローバルな経済活動では効率化が追求されるため，船舶は多様化・大型化すると同時に専用船化してきた。この章ではさまざまな貨物を積載するために特化した，各種の船舶とその構造上の特徴を紹介した。
　また，船体構造の各部名称や使用されている部材の役割，船体の寸法，トン

数といった，海事技術者には欠かせない船舶にかかわる基礎的な項目について述べた。その一方で二重船殻構造のような，安全性を向上させるための船体構造の革新にも触れた。現在の船体構造は過去の不幸な事故からの教訓とそれに立ち向かう技術者たちの挑戦の結晶である。

今後は安全性や操縦性だけでなく，海洋環境保護や省エネなどへの配慮もより一層求められると予想される。船体構造と設備がどれだけ優れていても，操船者の不注意一つで，船体のみならず貨物や人命まで失いかねない。安全運航の基本は船体ではなく，つねに操船者にあることを忘れないことを願う。

◆解説◆

❶ デリック

デリックは動力により，マストまたはブームなどを操作して荷を吊り上げる機械装置を指す。ただし，動力は人力以外のものであること，原動機は本体とは別の場所に設置すること，吊り上げ荷重が 0.5 トン以上であることなどの条件がある。

❷ ハッチカバー

船倉の開口部であるハッチの上部を覆う開閉式の蓋で，ハッチの周囲の立ち上がり部分であるハッチコーミングと共に波浪や降水の浸入を防いでいる。

❸ グラブバケット

グラブバケットはばら積み貨物船の荷役装置として搭載される，鉱石や土砂などのばら荷をすくい上げるための開閉式の吊り具を指す。船倉内に残った荷はグラブバケットのみでは困難なため，ブルドーザーを船倉内に降ろし，これと共同して荷役する場合がある。

❹ ランプウェイ

カーフェリーなどのロールオン・ロールオフ船や PCC の船首尾または船側に設置された，自動車などを岸壁から乗降させるための可動橋を指す。船舶の喫水や潮位による影響を受けずに荷役することができる。

❺ シーバース

原油や LNG といった危険物を運搬するタンカーは，一般的に大型で喫水が深いので着岸するための操船が困難であることと，引火性が高い貨物を取り扱うことから，陸上から隔離した海上に設置された桟橋であるシーバースにて荷役を行う。原油などは海底に設置されたパイプラインにより搬送される。

❻ ブラックアウト

　ブラックアウトは発電機の故障などにより電力供給が停止した状態を指す。船舶ではブラックアウトに備え，24ボルトの非常用発電機から電力を供給できる体制を整えている。

❼ 自由水影響

　船内に自由に流動する水があると，船体の傾斜により傾斜した側にその水が移動するため，船体が直立に戻ろうとする復原モーメントを減少させる。この現象を復原性に対する「自由水影響」と呼び，液体貨物や清水のタンク内を仕切るなどの対策を施している。

❽ 追い波

　追い波とは船の進行方向と同じ方向に進む波，またはその波を受ける状態を指す。

モーダルシフト（Modalshift）

　モーダルシフトとは，輸送方式（モード）を転換する（シフト）ことである。モーダルシフトは国土交通省の物流政策であり，具体的にはトラックによる貨物輸送を，鉄道や海運による輸送に切り替えることである。

　現在，国内の貨物輸送機関としてはトラックが多く用いられているが，地球環境問題や道路混雑，労働力の問題といった制約要因が多くなってきたため，比較的低公害で効率的な輸送機関にシフトすることが望まれており，その受け皿として海運が注目されている。

　内航海運は少人数で大量の貨物を輸送することができ，騒音や大気汚染など環境への影響がトラックより少ない。内航海運の労働者1人あたりの年間輸送量はトラックの12倍，同じ貨物輸送量に対する必要なエネルギー量は約1/4である。

CHAPTER 4

船の設備

　船にはさまざまな設備が付いている。たとえば錨(いかり)は，海上でエンジンを止めたときに船が移動しないようにするための設備である。一方，船の進む向きを制御する設備が舵(かじ)である。また衝突や座礁などの海難事故で船を離れなければならないようなときに必要な救命設備や，火災が発生した場合に消火をするための消防設備なども重要な設備である。船がどのような設備を持っていなければならないかは，第2章で述べたSOLAS条約で決められている。

　この章では，船のさまざまな設備のなかからとくに重要な錨，舵，救命設備，消防設備をとりあげて，これらの設備の種類や仕組みを知ることにより，船を安全に運航するための基礎事項を学ぶことにする。

4.1　錨

　錨(いかり)（Anchor）の歴史は古い。紀元前5000年頃のエジプトの壁画には船の横に吊るされた錨と思われる石が描かれており，日本でも元寇の際に蒙古軍の船が使っていた石の錨が出土している。

　世界中でさまざまな錨が作られてきた。とくに汽船が本格的に走り始めた19世紀からは鉄の錨が多種多様に作られて現在に至っている。

　船にとって錨はかけがえのない設備である。エンジンが止まって洋上をさまようなか，錨を海中に投下してしっかりと海底とつながったときの船乗りの安堵の気持ちは今も昔も変わりがない。船乗りにとって錨は「最後に頼りになるもの」である。陸上や水泳のリレー競技で最終走者・泳者をアンカーと呼んで頼りにする気持ちは船乗りと同じである。

この節では現在ひろく使われている錨をとりあげて，錨の働きや，どのような仕組みであの重い錨を上げたり降ろしたりしているのかを見てみよう。

（1） 錨の重さ

錨は船の錘(おもり)になるものであるから，重ければ重いほど効果は上がる。しかし必要以上に大きな錨を装備すると，船から降ろしたり船に揚げたりするのにムダな労力を使うことになる。その船にどのくらいの重さの錨を装備すればよいかは，その船の**艤装数**(ぎそうすう)（Equipment Number）という数で求められる。艤装数は満載排水重量（船の喫水がその船の満載喫水線になるまで荷物を積んだ状態での，荷物を含めた船全体の重さ）や船の幅，船の高さといった寸法によって決められる数である。艤装数がいくらなら何トンの錨を積まなければならないというように決められている。ほかに錨鎖の大きさ，船を岸壁などに係留するときに使う係留索や，他の船に曳航(えいこう)されるときに使う曳航索の太さや長さなども艤装数によって決められる。

（2） 錨の形

錨が船の錘として働くためには海底にしっかりと固定される形にしなければならない。昔からさまざまな形が考えられてきたが，現在は図4.1のような2

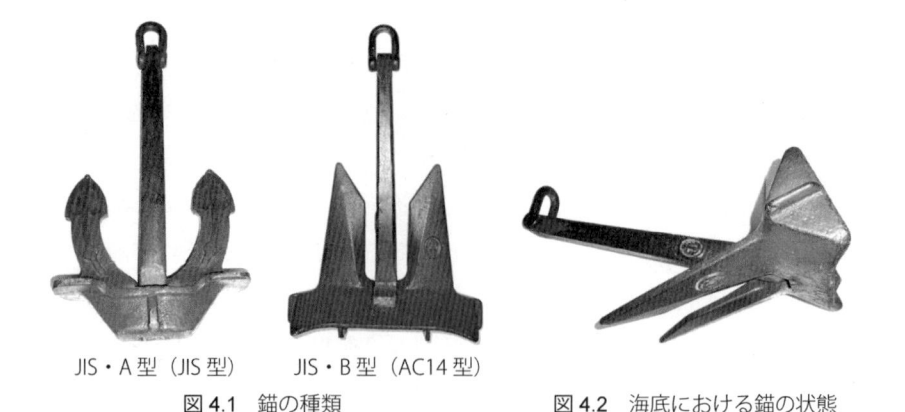

JIS・A型（JIS型）　　JIS・B型（AC14型）

図4.1　錨の種類　　　　　　　　　　図4.2　海底における錨の状態

64

種類の形が日本工業規格（JIS）に指定されている。両方とも左右の爪（アーム）と中央の錨桿（シャンク）が図4.2のように動き，爪の部分が海底に刺さるような形で固定される。

（3） 錨の係駐力

錨や錨鎖が船を動かないように引っ張る力を係駐力（Mooring Power）という。錨が引っ張られると海底との間の摩擦などにより抵抗力が発生する。これを錨の把駐力（Holding Power）といい，錨の重さが w_a(kg)のとき，錨による把駐力を P_a(kg)とすると，P_a は式(4.1)のように表される。

$$P_a = \lambda_a \times w_a \quad \cdots\cdots\cdots\cdots\cdots\cdots\cdots\cdots\cdots\cdots\cdots\cdots\cdots\cdots\cdots (4.1)$$

ここで λ_a は把駐係数といい，海底の性質や錨の形によって変わる値である。

また錨鎖も図4.3のように海底に横たわっている部分では海底との摩擦により係駐力を生み出す。錨鎖の生み出す摩擦抵抗力を P_c(kg)とし，錨鎖の1mあたりの重さを w_c(kg)，海底に横たわっている部分の錨鎖の長さを l(m)とすると，P_c は式(4.2)のように表される。

$$P_c = \lambda_c \times w_c \times l \quad \cdots\cdots\cdots\cdots\cdots\cdots\cdots\cdots\cdots\cdots\cdots\cdots\cdots (4.2)$$

ここで λ_c は錨鎖の摩擦抵抗係数といって，海底の性質や錨鎖の形によって変わる値である。

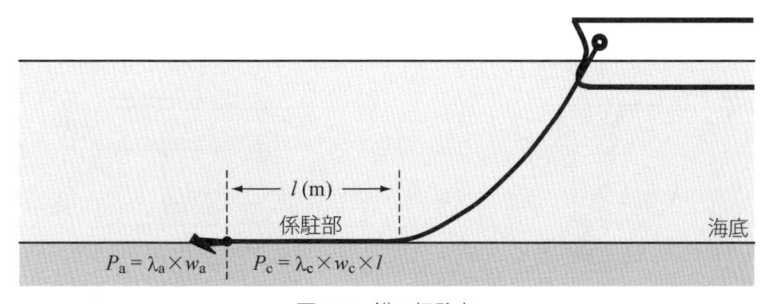

図4.3　錨の把駐力

錨による把駐力と錨鎖による摩擦抵抗力の合計が係駐力となる。係駐力を P (kg)とすると，P は式(4.3)で求められる。

$$P = P_a + P_c = \lambda_a \times w_a + \lambda_c \times w_c \times l \quad \cdots\cdots\cdots\cdots\cdots\cdots\cdots\cdots\cdots (4.3)$$

海底の性質はさまざまである。海底の状態を**底質**といい，砂や泥や岩などいくつかの種類がある。底質によって錨の性能が変わる。たとえば軟らかい泥のような底質の場所では錨は土のなかに潜ってしまう。もし底質が岩なら錨は岩の上にごろりと置かれて，ほとんど力を発揮しない。このため同じ錨でも底質によって λ_a や λ_c の値が違ってくる。

(4) 錨鎖の構成と長さ

錨鎖（Anchor Chain）は**コモンリンク**と呼ばれる輪（リンク）がつながって鎖（チェーン）になっており，25m または 27.5m ごとに切り離すことができる**シャックル**という金具が付いている。シャックルにはいろいろな種類がある。図4.4は**ケンターシャックル**と呼ばれるもので，鉛を取り除きテーパーピンを引き抜けばスタッドと輪の部分が3つに分解できるものである。図4.5は**ジョイニングシャックル**と呼ばれるもので，ボルトの部分をゆるめることによりボルトと輪の部分に分けることができる。図4.6 (a) はケンターシャックルを使ってコモンリンクを結合する例を示し，図 (b) はジョイニングシャックルを使ってエンドリンクとコモンリンクを結合する例を示している。**エンドリンク**は輪の部分だけで出来ていて，スタッドは付いていない。

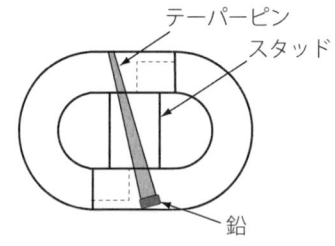

図4.4　ケンターシャックルの構造 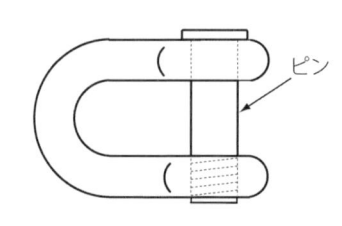　　図4.5　ジョイニングシャックル

(a) ケンターシャックル使用例
 ケンターシャックル　　コモンリンク

(b) ジョイニングシャックル使用例
 エンドリンク　ジョイニングシャックル　エンドリンク　コモンリンク

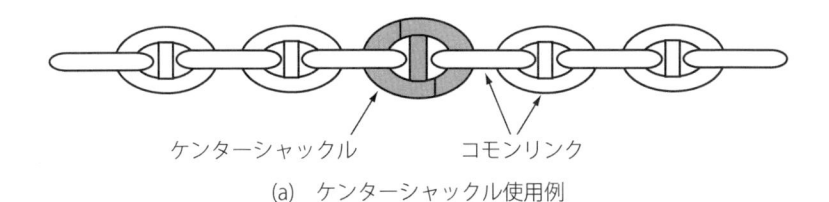

図 4.6　錨鎖の構成

　海中に繰り出した錨鎖の長さは，錨から数えて何個目のシャックルまで繰り出したかという数で表す。たとえば 2 シャックル目まで繰り出した場合，錨から船までの錨鎖の長さは 25 m×2=50 m（または 27.5 m×2=55 m）になる。大型の船ほど長い錨鎖を持っている。

　また，錨のほうから数えて何シャックル目なのかすぐに分かるように，たとえば 5 シャックル目ならそのシャックルから両側の 5 つ目のコモンリンクにそれぞれ針金やキャンバス生地などで印を付けるとともにペイントで色を付けて，何シャックル目か分かるようにしている。

（5）　揚錨機（Windlass）

　船から錨を出す場合，2 つの方法がある。1 つは「錨を船から吊り下げた状態から一気に放して海底に落とす方法」である。2 つ目は「機械を使ってゆっくり下ろしていく方法」である。これらに「海底に入れた錨を巻き上げる」という仕事を加えた 3 つの仕事をする機械が **揚錨機**（**ウインドラス**）である。揚錨機は図 4.7 に示すような構造になっている。

　図において，「吊り下げた錨を落とす作業」はブレーキを巻き締めた後でクラッチを外しておき，錨を海底に落とすときはブレーキを緩める。「錨をゆっ

くりと下ろしていく作業」はクラッチをつなぎブレーキを緩めてモータを海底の方向に回せば，錨はゆっくりと海底に降りていく。「錨を海底から巻き上げる作業」はクラッチをつなぎブレーキを緩めて，モータを巻き上げる方向に回せばよい。

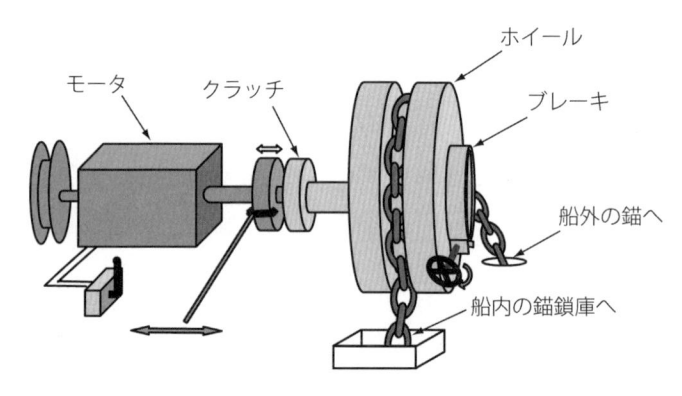

図 4.7 揚錨機のしくみ

4.2 舵と操舵装置

　船体の右舷側を英語で**スターボードサイド**（Star-board Side），左舷側を**ポートサイド**（Port Side）という。バイキング船などの頃の船は舵を右舷側に設置することが多く，そのため右舷側を「舵がついている側」（Steer-board Side）がなまったスターボードサイド（Star-board Side）というようになった。また，右には舵があるので，港（Port）では左舷側を岸壁に着けていた。そのため左舷側をポートサイド（Port Side）というようになったといわれている。現在の舵は最も力を発揮できるように船尾のプロペラのすぐ後ろについている。

(1) 舵と船の動き

　船が北（360°方式で表すと 000°）の方向に向かって走っているとする。この状態から右に 45°の北東（045°）の方向に船の針路を変えようとして，**舵輪**

を右 15 度の印まで回す。15 度というのは舵を回す角度（舵角）である（図 4.8 参照）。舵輪からの信号を受けた舵取機は舵を右 15 度になるまで回す。船は右に回りはじめ，針路は 000°→010°→020°というように目的の 045°に近づいていく。045°になる前に舵を中央に戻すため舵輪を舵角 0 度に合わせ，舵取機は舵を 0 度に戻す。船は徐々に回るのをやめ，やがて進路が 045°になったところでまっすぐ 045°の方向へ走りはじめる。もし回りすぎた場合は舵を反対側へ回して調整しながら 045°にする。より急いで曲がりたいときにはより大きな舵角にする。

（2） 舵取機の構造

舵取機は図 4.9 に示すように舵の軸に付いている舵柄とつながっており，舵柄を動かして舵の軸を回すことにより舵を回す装置である。舵

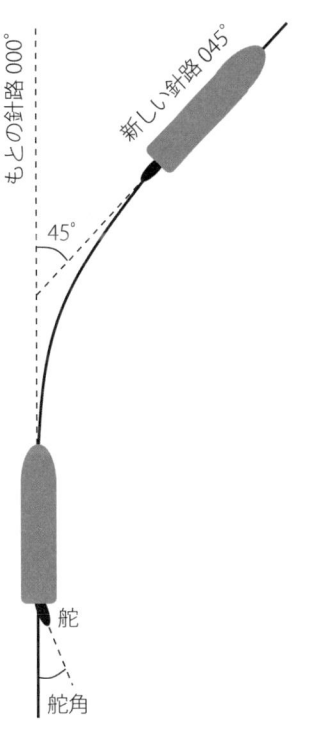

図 4.8 船の針路と舵角の関係

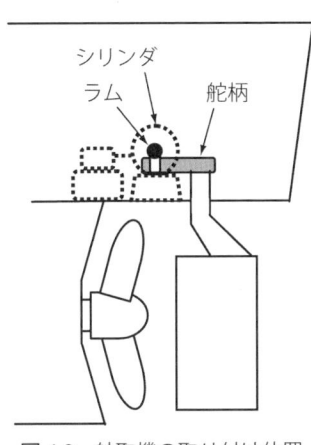

図 4.9 舵取機の取り付け位置

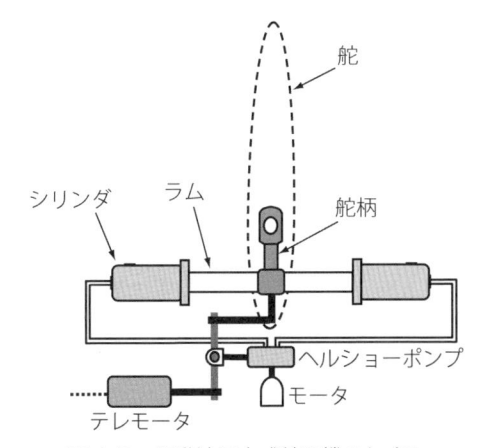

図 4.10 電動油圧方式舵取機のしくみ

取機にはさまざまな構造のものがあるが，図 4.10 のようにシリンダに油圧を送ってラムを左右に動かし，ラムと接続した舵柄を動かして舵を回す方式が一般的である。電動モータにより油圧ポンプ（ヘルショーポンプ）を回して動力となる油圧を作るため，電動油圧方式と呼ばれる。

(3) 操舵装置の動作

舵取機には図 4.11 に示すように**テレモータ**と呼ばれる装置が付いている。テレモータは船橋の舵輪から送られてきた舵角の信号に従って，棒（ロッド）を突き出したり引き込んだりする装置である。

たとえば船橋の舵輪を回して舵輪の指示針を左 30 度のところに合わせると，操舵機からテレモータに左 30 度という信号が送られ，テレモータは左 30 度に相当する長さだけロッドを押し出す。図 4.11 の A 点は動かないので，テレモータから押し出されたロッドはヘルショーポンプの棒（スピンドル）を押し込む。スピンドルが押し込まれる前はヘルショーポンプは空回りして油圧を作っていないが，スピンドルが押し込まれた時点で油圧を作って右側のシリンダに送り込む。右側のシリンダに送り込まれた油圧によりラムは左側に押され，ラムに連結している**舵柄**（チラー）を動かして舵は左へ回りはじめる。

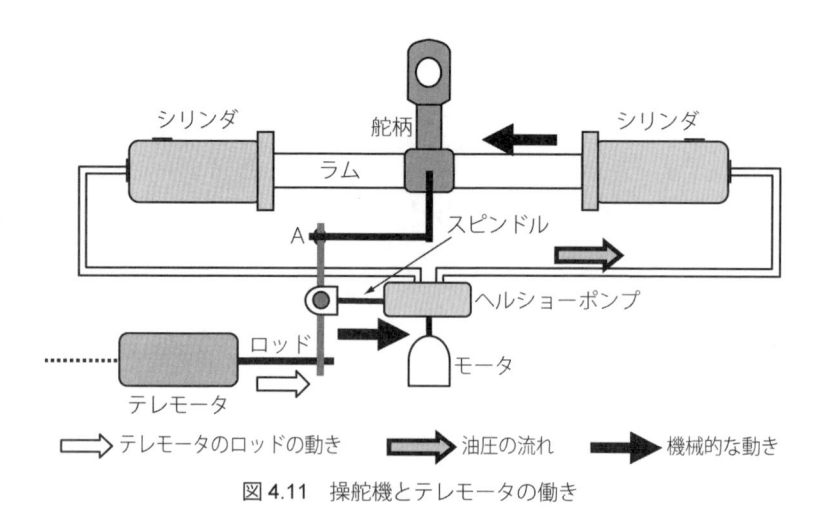

図 4.11 操舵機とテレモータの働き

CHAPTER 4　船の設備

　舵が左 30 度になると，図 4.12 (c) のようにラムが左 30 度の点まで動くので，A 点も左 30 度の点まで動く。このとき B 点は動かないので O 点は左に動き，ヘルショーポンプのスピンドルを引き出す。スピンドルが引き出されたためヘルショーポンプは空転を始め，ラムの動きは止まる。

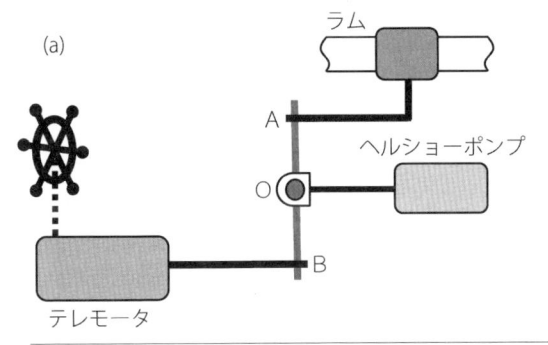

(a)　舵角 0 度の状態から舵輪を左 30 度の位置まで回すと，テレモータに信号が送られる。

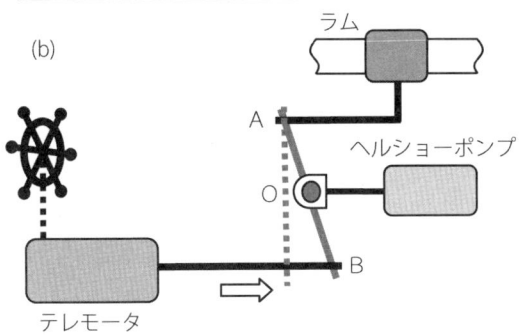

(b)　左 30 度の信号を受けたテレモータは左 30 度に相当する長さまでロッドを伸ばす。A 点は動かないので O 点が右に押されて，ヘルショーポンプのスピンドルが押し込まれ，シリンダに油圧が供給されてラムを動かす。

(c)　ヘルショーポンプからの油圧を受けてラムが左 30 度まで動くと，A 点が左 30 度の点まで動く。このとき B 点は動かないので，O 点が左に動き，ヘルショーポンプのスピンドルを引き出してシリンダへの油圧の供給を停止する。このためラムの動きは停止する。

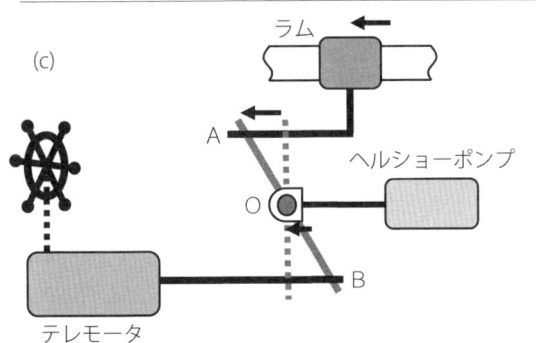

図 4.12　舵取機の追従動作

このように舵角の指示を出すだけで，舵取機はその舵角まで舵を回し，回し終わると自動的に止まる。このような動作を**追従動作**（フォローアップ動作）という。

(4) 非常操舵装置 (Emergency Steering System)

舵取機の追従動作を行う部分に故障が発生した場合，舵取機の油圧シリンダに直接油圧を送り込む装置がある。これを**非常操舵装置**（ノンフォローアップ操舵装置）といい，非常操舵装置のレバーを右に倒せば左側のシリンダに油圧が送られるため舵は右へ回り続ける。希望する舵角になった時点でレバーを中立にすれば舵はそのときの舵角を保ったまま止まる。舵を中立に戻すためには，レバーを左に倒して右のシリンダに油圧を送って舵を戻す。非常操舵装置は追従動作を行わないため，舵を回しはじめるときと回し終わるときの２回の操作を行わなければならず，操船者にとっては煩雑な操作となる。

(5) 自動操舵装置 (Auto-pilot)

船は舵角0°の状態で走っていても風や潮流の影響でまっすぐには走らない。そのため，たとえばつねに045°でまっすぐに走りたいときは，航海士は「針路を045°に保て」という意味の「045°ステディ」という命令を出す。操舵手はつねに針路が045°になるように舵輪を操作する。この一定の針路になるように舵を操作する作業を自動的に行う装置が**自動操舵装置**（オートパイロット）である。

オートパイロットは「設定された針路」と「現在の実際の針路」に差が生じたときにその差を無くすように舵を取る。操舵機に組み込まれており，スイッチ一つで手動操舵から自動操舵に切り替えることができる。このスイッチは非常操舵装置との切り替えスイッチも兼ねており，手動操舵（HAND）と自動操舵（AUTO）と非常操舵（EMERGENCY）の３段切り替えになっている。

(6) 自動操舵装置の働き

　自動操舵装置では，設定した針路と現在の針路の差を無くそうとする**比例制御**のほか，差が増えたり減ったりする速さによって舵を取る**微分制御**，さらには一定の針路を保っていても横風などによって目的地の方向からずれていくことを防ぐための**積分制御**という調整も行われている。

　また海面の状態によっては周期的に船首が左右に振れる場合がある。これに反応して操舵装置が右や左に大きな舵角を取ると船の速度が落ちてしまい，多少は左右に振れてもそのほうが目的地に早く到着する場合もある。このような左右への周期的な運動を自動操舵装置が感知して，舵を取らないようにする**自動天候調整**という機能が付いているものもある。

4.3　救命設備（Life-saving Appliances）

　1912年に起きた「タイタニック」の沈没事故をきっかけに国際的に取り決められた「海上における人命の安全のための国際条約」（通称 SOLAS（ソーラス）条約）は，船舶の安全を確保するための「設備の基準」や「訓練の基準」などについて詳細に規定している。この節ではそのなかの救命設備について概説する。

　救命設備とは乗員乗客の命を守るための設備であり，たとえば全員で船から離れるときに乗る救命艇や救命筏（いかだ），海中に転落した場合に備える救命胴衣や救命浮環，遭難を知らせるための花火のように火薬を使った信号あるいは無線装置などについてさまざまな基準が決められている。

(1) 救命艇（Life Boat）

　海難が発生して全員が**救命艇**で船を離れなければならなくなった場合，船長は退船部署を発令する。乗組員は非常配置表のなかの一つの退船部署表に書いてある役目を行いながら全員で退船する。乗組員は重要書類や食糧，毛布などの携帯品を持って救命艇に乗り込む。乗り込んだあと救命艇のなかからワイヤ

ロープを操作して海面に降ろす。船が傾くと上がったほうの舷の救命艇は海面に降ろせなくなるため，下がったほうの舷の救命艇だけで全員が退船できるように条約で決められている。

(2) 救命筏（Life Raft）

図4.13 救命艇

海が時化ているときなど，救命艇が降ろせない場合に代わりになるのが**救命筏**である。推進装置がついていないので，救命艇のようにその場所から移動することはできない。

最近の船舶に搭載されている救命筏はほとんどが**膨張式救命筏**である。図4.14(a)のように船上ではコンテナと呼ばれる容器に格納されている。コンテナは海中に投げ込むと2つに分かれ，ボンベに入っている炭酸ガスによって自動的に膨らんで図(b)のような筏になる。人が乗り込むのは筏が海上で膨らんだ後である。コンテナに格納されたまま船と一緒に沈んだ場合でも，コンテナが自動的に浮き上がって膨らむように設計されている。

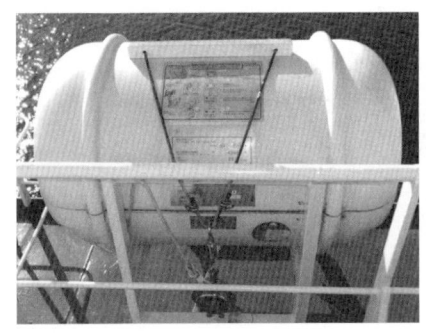

(a) 船上格納時　　　　　　　　(b) 展張時

図4.14 膨張式救命筏

CHAPTER 4　船の設備

(3) 救命艇艤装品，救命筏艤装品

　救命艇や救命筏には，救助を待つ間に役に立つものが積んである。オールやコンパス，機関を維持するための道具などである。また人間が生存するために必要な救難食糧や飲料水，遭難を知らせる信号類なども積まれている。

(4) 救命浮環(Life Buoy)

　救命浮環(ふかん)は図4.15に示すように回りに手でつかめるロープが付いており，人が海中に転落した場合はすぐに投げ入れられるように船内のいろいろな場所に置いてある。救命浮環には，夜間でもその場所が分かるような**自己点火灯**や，海中に投げ込むとオレンジ色の煙を発生する**発煙浮信号**(うき)が結びつけられているものもある。

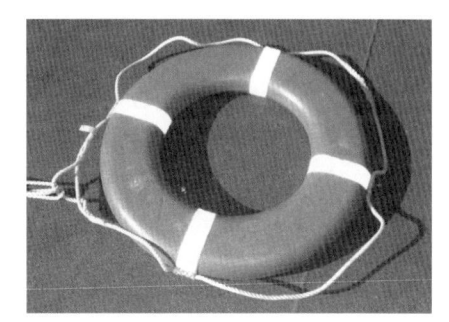

図4.15　救命浮環

(5) 救命胴衣(Life Jacket)

　総員退船するときや救助艇で救助に向かうとき，あるいは船の外へ身を乗り出して作業するような場合は，必ず**救命胴衣**を着用しなければならない。救命胴衣には図4.16のように固形の浮体で出来ているものや，着用した後，圧縮空気で膨らませて浮力を得るものなどがある。

図4.16　救命胴衣

(6) イマーションスーツ(Immersion Suit)

　体温を維持するために作られた全身を覆う保温衣である。図4.17のように着用して，このまま海中に入ると，顔を上にした仰向けの状態で浮くことができる。海水が入ってこないようになっているので，海中への転落が避けられない場合に着用すれば生存時間を長くすることができる。

(7) 遭難信号(Distress Signal)

　船が遭難した場合は，無線通信装置を使って「メーデー」という言葉を繰り返し発信する。また人工衛星を使って全世界に自分の船の遭難を知らせることができる衛星利用非常用位置指示無線標識装置(略称「衛星EPIRB」，図4.18)も装備されている。衛星EPIRBから遭難信号を発信する際は図(b)のようにカバーを外してスイッチを入れるが，スイ

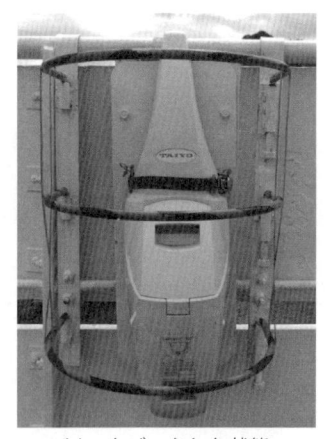

図4.17　イマーションスーツ

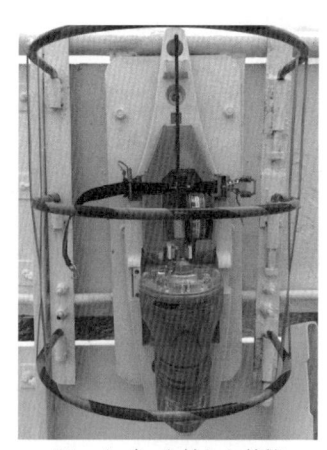

(a)　カバーをした状態　　　　(b)　カバーを外した状態

図4.18　衛星EPIRB

ッチを入れる余裕が無いまま沈没した場合は水中でカバーが外れ，海面まで浮上して自動的に遭難信号を発信するようになっている。

その他，救助に来てくれた人に対して自分の位置を示す信号火薬類も搭載されている。信号火薬類にはオレンジ色の煙を発生する**自己発煙信号**，上空で炎を発しながらゆっくりと降りてくる**落下傘付信号**，上空で爆発して赤い色の光を3秒以上残す**火せん**，手に持ったまま1分以上紅色の炎を出す**信号紅炎**，水中に投下するとオレンジ色の煙を3分以上発生させる**発煙浮信号**などがある。

4.4　消防設備

SOLAS条約で決められている設備のうち，火災が起きないようにする設備や火災が起きてしまったときに消火するための設備などを**消防設備**（Fire Control Equipments）という。船には油類やガス類，木材，化学繊維など，いろいろな種類の燃えやすいものがあり，また陸上に比べて狭い場所にたくさんの機材が積まれているため，いったん火災が発生すると消火作業は困難な場合が多い。そのため考えられる限りの火災の種類や発生原因を想定した消防設備が設置されている。

（1）　火災の種類

火災は燃えるものによって次の3つの種類に分けられる。
- A火災（一般火災）：木材，紙，布などが燃える火災
- B火災（油火災）：石油などが燃える火災
- C火災（電気火災）：電気設備が漏電などで燃える火災

これらの火災はそれぞれ消火方法が違うため，消火にあたっては十分注意しなければならない。たとえば石油などが燃えているような油火災に水をかけてしまうと，逆に火の勢いを強くしてしまう場合がある。また電気火災に放水すると感電してしまう恐れもある。

(2) 火災のしくみ

ものが燃えるためには図4.19に示すように，①燃えるもの，②酸素，③熱という3つの要素が必要である。このうちの一つでも取り除けば，火を消すことができる。たとえば燃えている木材に水をかけるのは熱を取り除くためであり，鍋の油に火が着いた場合は燃えている油の表面を洗剤の泡で覆ってしまうと消火できるが，これは酸素が遮断されたからである。

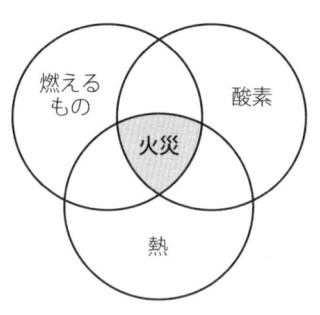

図4.19 火災の3要素

(3) 消火の方法

火災を発見した者は大きな声で回りの人に火災の発生を知らせ，近くの火災警報装置のボタンを押す。知らせを受けた船長は**防火部署**を発令する。

火災現場では，まず**持運び式消火器**と呼ばれる小型の消火器で初期消火に努める。船舶で使われるものは泡，粉末および炭素ガスで消火する3種類がある。図4.20は持運び式泡消火器，図4.21は持運び式炭酸ガス消火器である。

図4.20 持運び式泡消火器　　図4.21 持運び式炭酸ガス消火器

船の機関室のように燃えやすいものが大量にある場所では，持運び式より大型で，現場まで台車に載せて運ぶ**移動式消火器**も用いられる。

初期消火で消火できなかった場合は**固定式射水消火装置**を使用する。図4.22に示すように，常用のポンプや非常用消火ポンプを使って，船内各所の消火栓に海水あるいは海水と化学薬品で作った泡を送って消火する装置である。

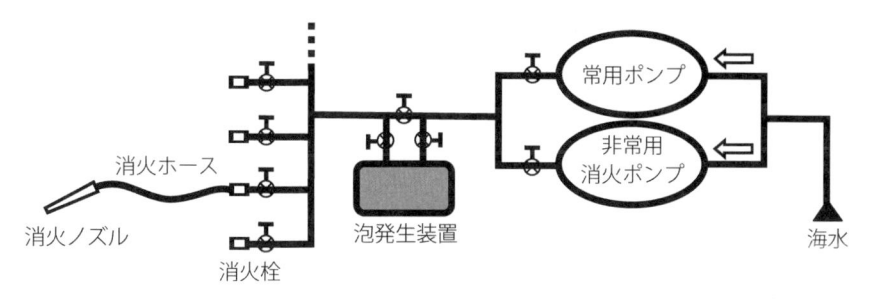

図 4.22　固定式射水消火装置のしくみ

　消火栓の横には「HOSE BOX」と書かれた赤い箱があり，なかに消火ホースと消火ノズルが入っている。ノズルとホースを消火栓のバルブにつないで火元に向け，消火栓のバルブを開けば海水あるいは泡が出る。

　自動車専用船の船倉のような広い場所には天井などに取り付けた**スプリンクラ**と呼ばれるノズルから霧状の海水を吹き出させて消火する**固定式加圧水噴霧消火装置**を装備している船もある。また，機関室などの密閉した空間に炭酸ガスを放出し，酸素を追い出して消火をするものは**固定式炭酸ガス消火装置**と呼ばれる。

　なお，火災の現場で消火作業にあたる人は防火服，防火ヘルメット，防火手袋，防火靴，命綱，自蔵式呼吸具などからなる**消防員装具**と呼ばれる保護具を身に着けることによって身の安全を守らなければならない。

（4）　火災探知装置と火災警報装置

　火災が「どこで発生したか」を探知する装置が**火災探知装置**であり，それを乗組員に素早く知らせるのが**火災警報装置**である。火災が発生すると，そこには炎や煙や熱が発生する。これらを火災探知装置のなかにある感知器が感知して火災警報装置のなかにある火災受信機に信号を送り，火災警報装置はベルやサイレンで火災警報を発する。

　人が火災を見つけた場合は手動式火災報知器のボタンを押して火災受信機に信号を送る。

まとめ

　本章では船に装備されている設備のうち4項目を取り上げて概説した。船にはこれらのほかにもさまざまな設備が装備されている。どの設備をとっても船の安全な運航に欠かせないものであり、それらの設備のしくみや取り扱い方法、手入れのしかたなどを習得することがいかに重要かを知っておかなければならない。

船酔い

　交通機関を利用する際、最も気になるのは「乗り物酔い」ではないだろうか。乗り物に乗ると揺れによって自分の空間識（視覚や平衡感覚）を狂わされるため、自律神経の働きに乱れが生じることで発症する。船の場合は波によって上下揺れに縦揺れも加わるために、他の乗り物と比較すると運動加速度が格段に大きく、酔う人が多いといわれる。

　船酔いを止める「酔い止め薬」には、嘔吐中枢への刺激を抑える抗ヒスタミン薬や自律神経の働きを抑える副交感神経遮断薬が含まれているが、そもそも自律神経の働きに乱れが生じることで発症するので、感覚に刺激を与える行動を避けるようにすれば発症をある程度抑えることが可能である。

　たとえば、運動している方向の遠方に視線を向ける（視点の変動を抑える）、なるべく揺れない場所にいる（なるべく下層の甲板、あるいは船体中央よりやや船尾側）、刺激的な臭いをかがない、口にしない、満腹や空腹の状態を避けるといった対策が有効であるといわれている。

CHAPTER 5

船体の保存と手入れ

　この章では船体の保存と手入れについて述べる。

　船は設計，起工，進水，艤装(ぎそう)を経て，やっと「船」として誕生する。船が就航してから，世界の海を舞台に活躍していくなかで，どのような保存・手入れが行われながら，それぞれの船としての役割を果たしていくのかを，船体の保存，ドック，検査という項目ごとに学ぶことにしよう。

5.1　船体の保存

　船は人と同じように扱われることが多い。人も船も生まれると必ず名前が付けられ，生まれたことを届け出なければならない。そして，日本国籍を得て日本人・日本船舶として公的に認められることになる。人も船も多くの人に見守られながら年を重ねていくといえるだろう。人が学校を卒業して就職するときには，「社会の荒海に乗り出す」などといわれるが，船は海が活躍の舞台であり，まさに海という自然と正面から向き合わなければならない。

　鉄鋼の船体は，つねに潮水にさらされているだけでなく，波やうねりの大きな力を受けるなど，ダメージを受けつづける環境にある。錆(さび)が発生しても何もせずそのままにしておけば，すぐに錆びによる腐食が広がってしまう。

　錆び以外にも，電食(でんしょく)による腐食も船では注意しなければならない。船には，一般に船体に使われる鉄鋼だけではなく，プロペラなどには違う種類の金属が使われているので，電食作用❶による腐食も発生することがある。たとえば，機関室のビルジ溜(だ)まりにナットを落としていたために，ナットの形の穴が船底にあいてしまったという事例もある。

81

また，船は高価な乗り物である。同型で大量製造される 5～6 名乗りのプレジャーボートであっても，100 万円程度で購入できる軽自動車数台分以上の価格である。所有するためにはこれ以外に，検査費用やマリーナなどの保管場所の確保など管理費用がかかる。

　中東地域から日本へ原油を運ぶ 20～30 万トンクラスの大型石油タンカーは VLCC（Very Large Crude Oil Carrier）と呼ばれている。現在の VLCC を代表する 30 万トンクラスのタンカーは，全長が 300 m を超え，船価(せんか)は 100 億円，積み荷の原油は 187 億円（2010 年 4 月）といわれている。船長は約 300 億円の財産を預かり，無事に運航する責任を担っている。

　このように，船は自然の脅威にさらされ，財産価値が高い乗り物であるが，日々の保守整備を怠り，定期的点検を行わなければ，安全に人や荷物を運べる状態を保つことはできない。そこで，乗組員は常時，点検や保守整備を行うことによって，船の能力を発揮して安全に運航できる期間を長くするように努めている。また，船舶所有者（船の持ち主）は，定期的に検査を受け合格しなければ船を運航してはならないと，法律で定められている。

　水につかっていて普段は見ることのできない船底や舵(かじ)，プロペラなどを検査し整備するために，船は造船所のドックに入れられる。船を水面から上げ，架台の上に据え付けることを**上架**(じょうか)という。図 5.1 は，ドライドックへ入る直前 (a)，

(a) ドライドックへ入る直前（奥がドライドック）

(b) ドックゲートが開いている状態（両舷から係船索が取られる）

(c) ドック内の水が排出されて船底が見えるドライアップ後の状態

図 5.1　ドライドックへ向かう

ドックゲートが開いている状態 (b)，ドックゲートを閉めて，ドック内の水を排出して船底をすべて見ることができる**ドライアップ**と呼ばれる状態 (c) である。乗組員は通常，ドライアップの状態になればすぐに船底の確認を行う。

5.2 ドック

(1) ドックとは

　ドック（造船所）は，人にとっての総合病院といえる。そこには産婦人科，外科，整形外科，内科などがあり，健康診断も行われる。造船所では，船が誕生（建造）し，定期的に検査（船舶検査）を受け（問題なく走ることができるという合格をもらわなければ，運航することができない），怪我をした箇所の手当（修理・保存）が施される。また，私たちが季節や行き先に合わせて服を着替えたり，顔を洗い，お風呂に入るのと同じように，船も日々の手入れだけでなく，ドックでは水中に入っている船底(せんてい)部分についた汚れ（フジツボなどの海洋生物，図 5.2）を高圧清水(せいすい)で掃除し，高圧清水で落とし切れなかった汚れや，浸食や剥離でデコボコになった面をディスクサンダーなどの工具を使って平たくして（塗装前の下準備，図 5.3），新しい服（塗装）を着せて，新しい航海に向けてドックから出港していく。

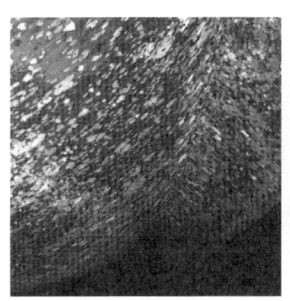

(a) 船底一面に海洋生物が付着　　(b) プロペラにもフジツボなどの海洋生物が付着　　(c) フジツボが塗膜を浸食

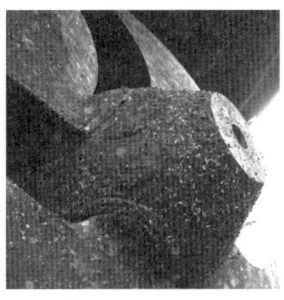

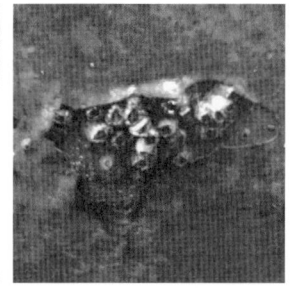

図 5.2　海洋生物の付着

(a) 高圧清水で船底全面を洗い，海洋生物や塩分を落とす
(b) 錆，海洋生物の浸食，塗膜の剥離している箇所をディスクサンダーなどで平滑に仕上げる
(c) プロペラも同様に工具を使って磨き上げる

図 5.3　汚れた船底部の整備

　木船の時代には，水に浸かっている部分にふなくい虫などが付いて船底を傷めるのを防ぐために，定期的に船を浅瀬や砂浜に揚げて，火であぶって駆除する作業（「船たで」と呼ばれる）を行っていた。古い港では，船たで場として残っているところもある。また，ふな虫などの海洋生物が船に付かないように銅板を張って防いでいた。日本船には一般的に赤色の船底塗料が使われるのは，この銅板の色が赤かったことに由来するといわれている。

　船底塗料には，有機スズを混ぜた塗料が一般によく使われていたが，その毒性が海洋に与える影響が大きいことから，現在では法規制が進み，世界的に**スズフリー**❷の船底塗料が使用されている。また，船体抵抗を減らす性質を持った塗料など，省エネや環境に配慮した技術が開発されている。

(2) ドックの種類

　ドックには，ドライドック，フローティングドック，引き上げ船台などの種類がある。

　ドライドック（Dry Dock，図 5.1 (c) 参照）は，海岸に船が入る大きな池を掘って，昔は城の石垣のように御影石などを積み上げて造られていた。最近で

CHAPTER 5 船体の保存と手入れ

はコンクリートで周囲を固めて，船の入り口を**ドックゲート**（Dock Gate）で閉じる構造になっている。船をなかに引き込んだ後，ドック内の水を排出してドライアップの状態にしてから船底を確認する。

フローティングドック（Floating Dock，図 5.4）は，船を載せることができる大きな台船の形状をしていて，船を載せるために，自らのタンクに注水して船の喫水以下に沈め，船を引き込んだ後，タンク内の水を排出して船ごと水面上に浮上する施設である。陸上に作業場所の少なくなった造船所が前面の海に設置していることが多い。

(a) 浮上している状態　　　(b) ドックを沈めて，船を入れている状態

図 5.4　フローティングドック

ドライドックやフローティングドックでは，ドック内で船底のキールを渠底に並べられた**盤木**（Keel Block）に載せる。他に船底の左右部分を支えるために**腹盤木**❸が使われる。また，両舷側とドック内壁を支える支柱も取り付けられ，船を固定する。

引き上げ船台（Slip，図 5.5）は，海岸に海からレールを敷き，台車の上に船を載せて陸上に引き上げる施設である。進水式で船が滑り降りる映像を見たことがないだろうか。日本では船尾

図 5.5　引き上げ船台

から海に進水させることが多いが，海外では川岸の造船所から横滑りに進水させる例もある。

一般にドックは造船所内にあるため近くで見られないが，帆船「日本丸」が係留保存されているドック（旧横浜船渠(せんきょ)株式会社第一号ドック，横浜市）は，間近に見ることができるようになっている。

（3）入渠前の準備

ドック工事においては，船舶検査の受検や補修整備を行うために，入渠仕様書(にゅうきょ)（Dock Order）を作成する。入渠仕様書とは，造船所に対して，どのような作業をするのか（してほしいのか）を伝える書類である。文字だけでは伝わりにくい項目は，現場で補足説明を行い，本船側(ほんせんがわ)の意図していることを正確に伝えなければならない。

入渠するドックが決定したら，入渠に際して必要な情報を入手して，喫水・トリム調整や貨物区域の清掃などの船内の準備を行う。

入渠中は船外へ水や油を流出してはならない。そのためスカッパー（排水口）へ木栓(もくせん)をするなどの適切な処置を施す。

火災・盗難についても十分に注意し，消火器の配置，施錠を行う。船内の便所を使用禁止とするため，清掃して施錠しておく。場合によってはギャレー用品の陸揚げも準備する。

補修整備を行う箇所については，場所を特定して説明しやすいように，修理箇所にチョークなどで印をしておく。

工事箇所の打ち合わせに続いて，本船側担当者（一等航海士，一等機関士，甲板長(こうはんちょう)，操機長(そうきちょう)など）は，造船所の担当技師らとともに，入渠仕様書を基に船内を回って，各工事の現場において詳細説明を行う（図5.6(a)）。

入渠期間中は，工事作業箇所の環境を良くし，事故の発生を予防するため，担当技師との作業前の打ち合わせ・確認が重要になる。甲板部・機関部それぞれに分かれて行われる。作業場所に応じて足場の確保，照明の設置を行う。一

般に営業部の担当者が各部の工事進行を把握し，工程の調整を行っている。

　必要資材や使用塗料（図 5.6 (b)）についても，入渠仕様書を基に個数および缶数などを確認する。

　ドック側では，船の船底形状や前回の入渠情報（盤木配置図）を入手して，盤木の配置準備を行う。ドックゲートが閉じられて，排水の途中で潜水夫（図 5.6 (c)）によって船体の前後位置が確認される。

(a) 現場での工事内容の説明　(b) 使用する塗料の準備　(c) 船底確認の潜水夫

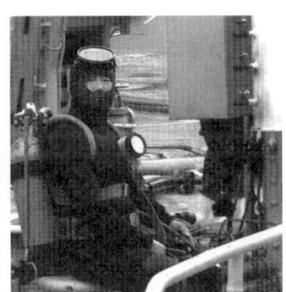

図 5.6　入渠前の準備

(4) 入渠（Docking）

　ドック手前から**ドックマスター**❹が作業員とともに乗船して，入渠作業が行われる。陸上側からワイヤなどの係船索（けいせんさく）が送られて，ドック内に引き込まれる。ドック側は，前回の入渠情報（盤木配置図）を入手して，盤木の配置準備を行う。これは，前回入渠時に盤木が当たっていて整備できなかった箇所を今回は整備できるようにするためと，**シーチェスト**❺やセンサ類に盤木が当たらないようにするためである。

　本船側航海士は入渠時の記録として，ドックマスター乗船時間および氏名，使用したタグボートの船名，タグラインを取った場所，取り外しの時間，ドックゲート通過時間，排水開始時，**キールタッチ**❻，排水終了時間などを書き留めておく。排水が完了し，渠底（きょてい）を歩くことができるようになったら，航海士・

機関士ともに渠底へ降りてドライアップ直後の様子を確認する。これは，船底が乾いてしまうと分からなくなるような損傷や海洋生物の付着状況，船底塗料の状態（剥離の状況など），万一凹損(おうそん)などの損傷箇所を見つけた場合，すぐに修理計画を立てなければならないからである。

　船底確認時には，ヘルメット，手袋，懐中電灯，テストハンマー，スクレーパーなどを携帯して渠底に降りていく。清水(せいすい)タンクやバラストタンクなどの**ボトムプラグ❼**の開放（図 5.7 (b)）は，ドック担当者の立ち会いのもとで施行させる。プラグには各タンクの名前が刻印してあるので，必ず確認しておかなければならない。

(a) ドライアップ直後の船底
　（黒い箇所は濡れている）

(b) 船底の確認と並行して各タンクのボトムプラグを開放（タンク内検査の準備）

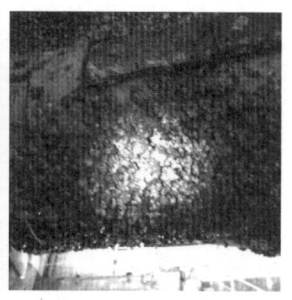

(c) 船底にフジツボが付着
　（プロペラボスの近く）

(d) ビルジキール下部に海洋生物が付着

(e) 船尾左舷側

(f) 船尾右舷側

((e)(f)ともにドライアップから数時間経過しているので，船底が乾きはじめている)

図 5.7　入渠直後

(5) 船底部の確認

　船体を確認する上で必要なこととして，船は左右対称であること，船全体を見る，いろんな角度から見るということが重要となる。大きな船体の局所だけを見たのでは，大きなダメージに気づかないことがあるので注意しなければならない。

　例として，船首・船尾方向から眺めた様子を図 5.8 に示す。船は左右対称になっているので，もしも凹損などのダメージがあれば，違和感を抱くはずである。ドラフトマークが左右ずれて取り付けられていた事例もある。これは，船という構造物がいかに大きいかということの現れでもある。

図 5.8　船底を船首・船尾から確認

　船体を確認するにあたっては，斜め，しゃがむ，立つなど見る角度を変える，離れる，近づくなどを繰り返しながら視点を変えて，片舷ずつ船底外板を確認していく。航海当直の見張りにおいて近距離と遠距離の見張りかたを変えるように，船底確認にあっても，船底全体を大きく見ることと，気になる箇所を局所的に見ることが損傷を発見する上でとても重要である。

　船底については，フジツボやアオサなどの海洋生物の付着状況や，**船底塗料**の状態（剥離の有無など，図 5.9）も確認する。また，前回は**盤木**が当たっていた箇所が塗装可能となっているかなども確認しなければならない（図 5.10）。

図 5.9　塗膜の剥離　　　　(a) 前回入渠時の盤木跡　　　　(b) 盤木

図 5.10　盤木跡と盤木

　また，船底の損傷を確認するために，懐中電灯の灯光を遠目に当て，陰がないかを見る。これによって凹みを発見することができる。凹みの程度は，フレーム間に糸を張って測る方法を採ることが多い。また，亜鉛板の衰耗状況も調査し，船体の電食が予防されているかを確認する。

　入渠中の船を見るとあらためて，普段は水に入っている部分が大きいことに気づく。身近な乗用車やバスと比較してはるかに大きい構造物であるから，部分的な見かただけでなく，船全体を見なければ損傷の有無を確認することはできない。船を大切に長く管理する上でも，心掛けなければならないことである。

(6) 下地処理と塗装

　船底の確認後，**清水高圧洗浄**（図 5.11）を行い，船底に付着しているフジツボなどの海洋生物の除去，塗装に向けて表面の塩分を除去するなどの船底整備を開始する。通常，海洋生物の付着，錨鎖による擦過跡などの物理的なダメージによって塗膜が剥離していたり，錆が発生していたりすることがある。そのような塗装面のダメージに対してディスクサンダーを用いたりサンドブラストなどを施工して，新しい塗装が可能なように**下地処理**を行う（図 5.12）。

　検査受検時は，船舶検査官の検査を受けてから塗装工事が始められる。

図 5.11 船底を高圧清水で洗浄

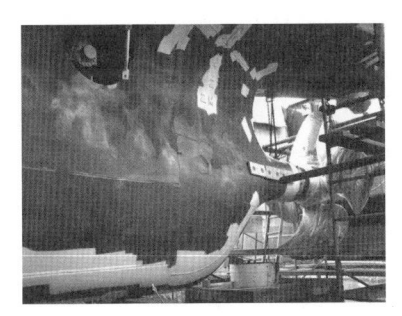

図 5.12 清水洗いの後，下地処理をして錆止め塗装

　船体の**塗装**作業は概ね，下地処理の後，錆止め塗装，船側外板の上塗り塗装を行い，船底塗料を塗り，最後に船名などの諸記号を記入するという手順で行われる。塗料毎に気温などの塗装条件や乾燥時間の推奨があり，塗装工事の際には，ドック側（塗料メーカーも含めて）とよく打ち合わせる。

　外舷部の塗装の様子を図 5.13 に，船名および諸記号を図 5.14 に示す。図 5.14 の場合は，**船名**「広島丸」とその英字表記，**船籍港**「大崎上島」，**スラスタマーク**が記入されている。外舷部の塗装は高所作業となるため，十分な安全対策をとる。また，塗料に使われている溶剤は揮発性があるので，必ずマスクと手袋，作業着を着用して施工する。

(a) 高所作業車による船首部の塗装 　　(b) ヘルメットとマスクの着用

図 5.13　外舷部の塗装

(a) 船尾部に船名・船籍港 　　(b) 船首両舷に船名とサイドスラスタのマーク

図 5.14　船名・諸記号の記入

(7) 工事終了と出渠

　各工事・検査の終了後は，開放した場所が復旧されているか，忘れ物がないか，現場および入渠仕様書の双方をチェックし，未施工項目がないことをドック担当者と速やかに確認する。

　ドック内工事が終了したら，注水前の最終確認として，航海士・機関士ともに船底と渠底の確認を行う。これは，船底塗料の塗り忘れや，工事に使われた工具類やビニールテープなどの忘れ物がないかの確認である。とくに**シーチェスト**（図 5.15）と**スラスタトンネル**❽は，吸い込み事故を起こさないように**グリート**❾を復旧する前に，必ず点検する。

　船内では，清水タンクなどの二重底タンクの**マンホールガット**❿や**キングス**

CHAPTER 5 船体の保存と手入れ

(a) グリートが復旧されている

(b) シーチェストの内部
(各パイプから海水を取り込む)

図 5.15 シーチェスト

トンバルブ❶ の閉め忘れがないか確認することが必要である。**ボットムプラグ**の復旧時は開放時と同様に必ず立ち会い，プラグの刻印を確認して復旧する。一般に，ボットムプラグを閉めた後，保護のため上からふたをするようにセメントを施工する（図 5.16）。セメントが固まったら，船底塗料を上塗りして仕上げる。

(a) 手作業でセメントを施工

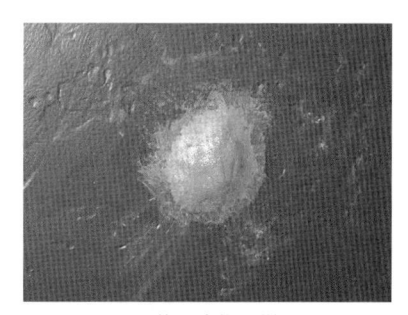

(b) 施工直後の様子

図 5.16 ボットムプラグへのセメント施工

　船底の塗装工事やプロペラ，舵などの保守整備工事が終了すると，出渠(しゅっきょ)作業の準備が始まる。消耗した**亜鉛板**が取り替えられ（図 5.17 (a)），バウスラスタなどのグリートの復旧や，足場の撤去などが行われる。

　出渠前の確認がすべて終わったことを，本船側と造船所側で確認できたら，ドックに注水を開始する（図 5.17 (c) (d)）。

　出渠後には，生活環境の復旧や機関の準備，速やかに水を復旧させるために

93

(a) 新しい亜鉛板の取り付け　　(b) 腹盤木の撤去

(c) ドックゲートのバルブを開けて注水開始　　(d) 注水途中

図 5.17　出渠準備

清水タンクへ清水の補給（補水(ほすい)）を行う。清水タンク内の整備が行われた場合は，数回，あく抜きのために水を入れ替えてから，補給を行う。

入渠時と同様に，注水開始などの出渠作業の時間も記録しておかなければならない。

5.3　検査

船は，船舶安全法で規定されている船舶検査を定期的に受検して，合格しなければ航海することはできない。船には，船舶安全法をはじめ100を超える数の法規によって，船そのものだけではなく，人や貨物を安全に運ぶための基準が定められている。船舶検査では，その船が守らなければならない法規を守っているかどうかのチェックを受けることになる。

検査は，**管海官庁**（国土交通省の地方運輸局や各海事事務所など）の**船舶検査官**によって行われる。円滑に受検できるように，臨検箇所，検査準備，臨検日などについて船舶検査官と事前に打ち合わせが行われる。

(1) 船舶検査

船舶検査には，定期検査，中間検査，臨時検査などがある。

定期検査は船全般について精密に行う検査であり，**船舶検査証書**の有効期間である5年毎に受検しなければならない（図5.18）。定期検査などでは，通常は水のなかに入っている船底部，プロペラ，舵などの検査があるので，上架するためにドックで受検することになる。

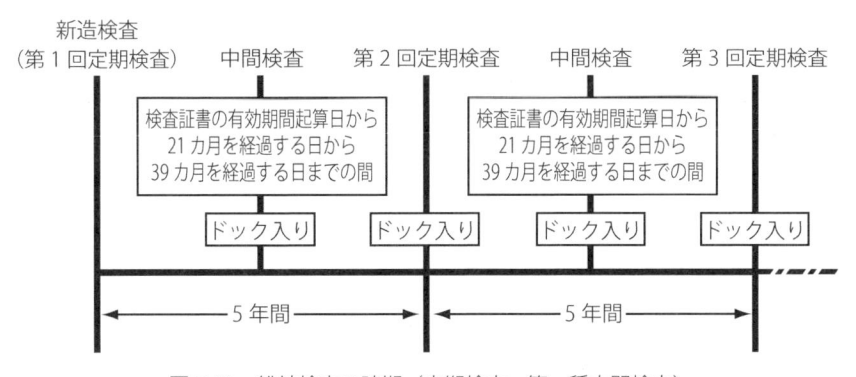

図5.18 船舶検査の時期（定期検査，第一種中間検査）

中間検査は定期検査と定期検査の中間に受検する検査であり，船の種類に応じて，第一種中間検査，第二種中間検査，第三種中間検査が設けられている。定期検査よりも受検項目は少ないが，第一種中間検査では定期検査と同様に船体をドックで上架しなければならない。旅客船は多数の旅客が乗船するため，毎年受検しなければならない。国際航海をする船は第一種～第三種中間検査をそれぞれ定められた時期に受検しなければならない。旅客船や国際航海をする船舶以外の船舶は，船舶検査証書の有効期間起算日から21カ月を経過する日から39カ月を経過する日までの間に受検しなければならないと定められている（図5.18）。

臨時検査は，船の改造が行われた場合のほか，船舶検査証書に記載されている航行区域，最大搭載人員，用途などを臨時的に変更する場合に受検する。大きな変更があるときには，定期検査に準じた精密な検査となる場合もある。

なお，検査によっては，管海官庁以外の検査機関が担当する検査もある。

(2) 検査準備

定期検査などの準備としては，船体の上架，舵の取り外しもしくは持ち上げ（間隙の計測を行う），排水設備（ビルジポンプなど）の整備，清水タンクやバラストタンクなどの内部検査に向けたタンク内の清掃，タンクの圧力検査，錨（びょう）と錨鎖（びょうさ）の繰り出しおよび配列，錨鎖径の計測，航海属具の整備，救命胴衣などの救命設備の数量確認，救命いかだや救命艇の整備，持ち運び式粉末消火器などの消防設備の数量確認，固定式消火設備の整備などが挙げられる。

移動可能な航海属具（黒色球形形象物（けいしょうぶつ）などの属具（ぞくぐ）など），救命設備（救命胴衣，イマーションスーツ，火薬類など），消防設備（持ち運び式粉末消火器など）は，船舶検査官の臨検を受けるために確認しやすい場所に陳列しておく。

数量確認は，船内属具一覧表を作成して船長名で提出することもある。

航海灯の点灯，汽笛吹鳴（すいめい），ビルジ吸引，消防射水などの効力試験を受ける項目は，必ず事前に効力テストを実施しておかなければならない。これは，たとえばビルジ吸引においては，ビルジポンプや付属の配管を整備した後，復旧時に途中の配管を間違えて接続したことに気づかず，臨検時にあわてるといった事例が少なくないからである。

また，バルブやパイプを復旧する際は，ゴミが入らないようにかぶせていた蓋（ふた）や詰めていたウエスを取り忘れるようなミスにも注意する。

(3) 受検

船舶検査官の**臨検**（りんけん）時には，造船所担当技師とともに本船側担当者も同行する。船舶検査官から不備を指摘された項目については直ちに対応しなければならない。

船体部・機関部とも，大きく分けて，船体外部・内部，属具，効力試験につ

いて臨検を受ける。定期検査であれば2～3回の臨検を受けることになる。受検する検査（定期検査，中間検査など）によって受検項目が異なるが，船体外部（図5.19(a)），満載喫水線の確認(b)，船体内部（タンクの内部検査(c)(d)，舵(e)(f)，プロペラ(g)），排水設備(h)，航海灯(i)や錨鎖(j)などの航海属具，救命設備(k)(l)および消防設備などの船全般について検査を受ける。

使用期限のある備品は取り替えられる。たとえば，救命いかだの食料や飲料水の使用期限は5年になっている。

錨鎖は配列して検査を受ける。定期検査と中間検査では錨鎖の衰耗を知るために各節（1節の長さはJIS規格で2種類あるが，一般に25mのものが使われている）ごとにリンクの径を計測する（図5.19(j)）。基準以下になっている場

(a) 上架後，速やかに船体外部，舵，プロペラなどの外部検査を受ける

(b) 満載喫水線の確認（寸法の計測）

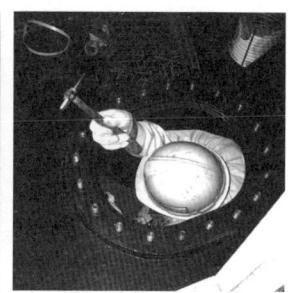

(c) タンクの内部検査（右手にテストハンマーが見える）

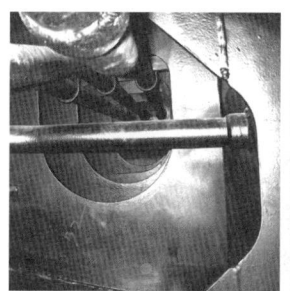

(d) バラストタンクの内部に多くのパイプが見える

(e) 舵板の取り外し

(f) 外した舵全体の確認

図5.19　船舶検査官による臨検（次ページに続く）

(g) プロペラとプロペラ軸も抜き取り現状の確認 　(h) ビルジラインの途中にある逆止弁の開放 　(i) 航海灯の電球と点灯の確認

(j) 錨鎖の衰耗具合を測る（塗装と錆を落とした○印の箇所をノギスで計測） 　(k) 救助艇の振出し（着水後，機関の始動確認などが行われる） 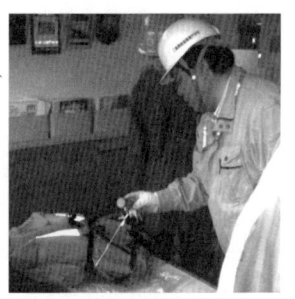　(l) 救命胴衣と胴衣灯の確認

図 5.19　船舶検査官による臨検（前ページからの続き）

合やスタッドが外れているリンクが多い場合には，新替(しんがえ)しなければならない。点検は，目視とテストハンマーでたたいた音で判断される。たとえば，正常であれば澄んだ音が，スタッドが緩んでいると鈍い音になる。この方法は，外板の点検などでも同様に行われている。

また，衰耗した**亜鉛板**も取り替えられる（図 5.20）。亜鉛板が減っていることから，船体が守られていることを知るが，ほとんど減っていない場合は船体との導通を調べなければならない。

すべての検査項目の臨検を終了し，全項目について合格した後，管海官庁（地方運輸局，海事事務所）から**船舶検査証書**と**船舶検査手帳**の発給を受ける。船舶検査証書を受領しなければ航海することはできない。

(a) 衰耗した亜鉛板　　(b) 新品の亜鉛板

図 5.20　保護亜鉛

まとめ

　この章では，船を長く安全に運航するために欠かせない日々の整備や定期的な保守・検査，そのための設備であるドック，そして船舶検査について述べた。

　船の安全性（**堪航性**[12]）は船舶所有者が確保しなければならないと船舶安全法で規定されているが，船員としても乗船している船を常日頃から大切に取り扱う心がけが，安全運航と船の保守管理につながるのである。

◆解説◆

❶　電食作用

　船では，船体やプロペラなどに，鉄鋼，銅などの異なった金属が使われている。異なった金属が海水中にある場合，それぞれの金属の性質によって電気的に腐食することを電食という。一般に船体などを電食から守るために，亜鉛板（アノードとも呼ばれる）を取り付ける。図 5.20 を見ると，船体などを保護して亜鉛板が溶けているのがわかる。

❷　スズフリー

　船体にフジツボなどの海洋生物が付着しないように，木船の場合は銅板を張り，鉄鋼船の時代になってからは有機スズを船底塗料に配合して使用していた。しかし，有機スズが海や海洋生物に大きな影響を与えていることがわかり，現在は有機スズを使わず（スズフリー）に船体を保護する塗料が使われている。

❸ 腹盤木

　ドライドックでは，キール部分を支える盤木と船底の平底部を支える腹盤木を用いて，ドック内に船を据え付ける（図5.17(b)参照）。

❹ ドックマスター

　ドック専門の水先案内人である。入渠時に，造船所の近くから船に乗り込み，ドックへ誘導する。

❺ シーチェスト（図5.15）

　海水吸入口のことである。主機などの冷却水として海水を取り込む際に，外板に穴を開けて直接取り込むのではなく，外板と同様の強度を持つ箱を船底に設けて，そこにあけた穴にグリートと呼ばれる網をつけ，この箱（シーチェスト）のなかに入った海水を船内に取り込む。一般に船底近くの低位と少し上方の高位の2箇所に設けられることが多い。

❻ キールタッチ

　キール部分が盤木に乗ったことをキールタッチと呼ぶ。喫水とドックの水深や係留索を見て判断する。

❼ ボトムプラグ

　清水タンクやバラストタンクの底に設けられた栓である。真ちゅうやステンレスで作られている。タンクの番号が刻印されている。

❽ スラスタトンネル

　バウスラスタなどを設けるための，両舷をつなぐトンネルである。スラスタがあるため，トンネル内にも亜鉛板が設置される。

❾ グリート

　シーチェストやスラスタトンネルにゴミなどが入らないようにするための頑丈な網（図5.15(a)）。

❿ マンホールガット

　清水タンクなどには，点検のために人が通ることのできるマンホールが設けられている。そのマンホールの蓋をマンホールガットと呼ぶ。多数のナットで締め付けられている（図5.19(c)参照）。

⓫ キングストンバルブ

　海水を船内に取り込む最も船底寄りのバルブである。シーチェストに接続して設けられる。

⓬ 堪航性

　通常予想される気象・海象のなかで，人や荷物を安全に目的地まで運ぶことができる能力のことである。船体強度，復原性，操縦性などの物的なものと，これらを的確に運用するための人的な堪航性がある。この2つの性質があってはじめて安全な航行が可能となる。

CHAPTER 6

船用品とその取扱い

　船用品とは，船舶を安全に運航するため，船舶を係留するため，あるいは貨物を安全に移動・荷役するために必要な作業用の物品・消耗品である。すなわち船舶という大きなシステムの諸活動を円滑にするための潤滑油のような存在である。いくつかの例を図 6.1 に示した。これらの物品は将棋の駒に例えるならば「歩」のような重要な役割を担っている。また海運界では船用品とは別に船具と表現されている。「船具は万具」といわれており，船具（船用品）があらゆる千差万別の船舶運航に必要とされる物品・消耗品であることを表している。このように，船用品は船舶という輸送システムにとって不可欠な存在である。

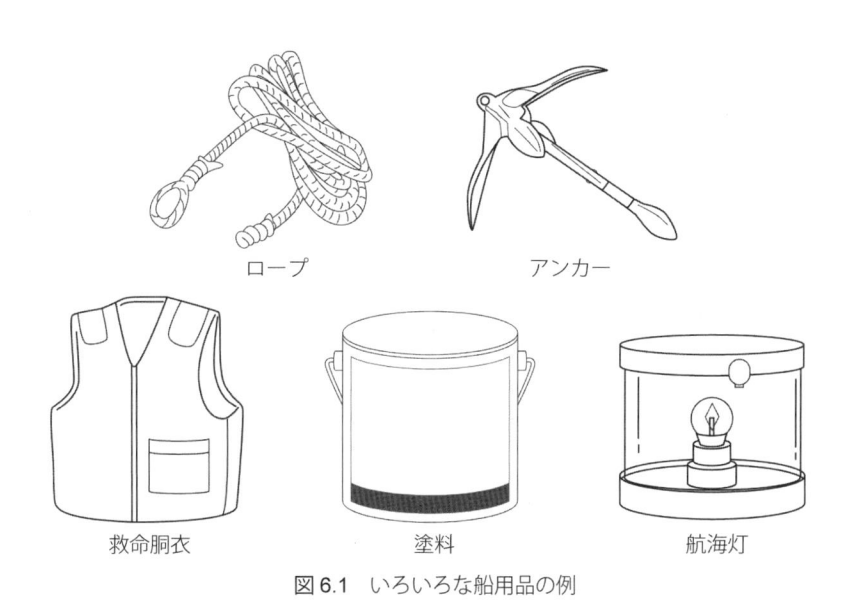

図 6.1　いろいろな船用品の例

（ロープ　アンカー　救命胴衣　塗料　航海灯）

6.1 船舶用ロープ

(1) 船舶用ロープの概要

ロープの概念図を図 6.2 に示す。原材から生成された**ファイバー**が集まったものを**ヤーン**といい、そのヤーンを束ねて**ストランド**を構成している。このストランドをさらに数束合わせて 1 本のロープができる。

ロープの撚りはロープ断面の方向から見てストランドが反時計回りの場合を **Z 撚り**といい、その反対に時計回りの場合を **S 撚り**と呼んでいる。船舶用のロープはほとんどが Z 撚り（左撚り）である。

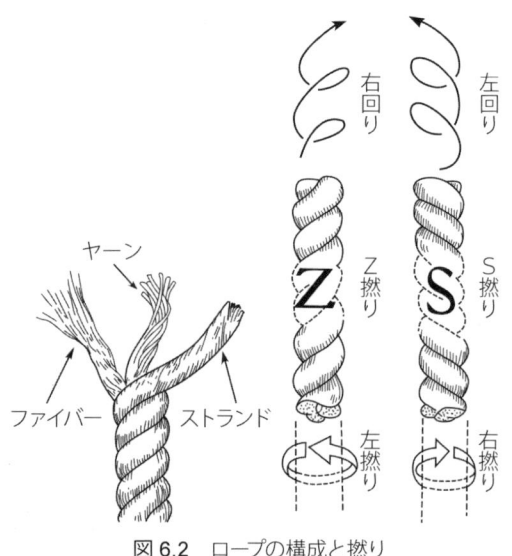

図 6.2　ロープの構成と撚り

(2) 合成繊維ロープ

船舶に使用されているロープは多くが**合成繊維ロープ**である。材質または製品名別に比重、強度比、伸び率を表 6.1 にまとめた。合成繊維ロープは、**マニラ（麻）**ロープの強度を 100 として、140～230 の強度比を有している。また、伸び率も合成繊維ロープのほうが大きい。

表6.1 繊維ロープの比較

材質または製品名		比重	強度比	伸び率 (%)
マニラ（麻）		1.32 〜 1.45	100	16 〜 20
合成繊維ロープ	ナイロン	1.14	230	40 〜 50
	クレモナ（ビニロン）	1.30	150 〜 180	30 〜 40
	ポリエステル	1.38	200	30 〜 40
	ポリエチレン	0.96	140	40 〜 50
	ポリプロピレン	0.91	140 〜 170	40 〜 50

(**3**) ロープの寸法

　ロープの寸法は一般的にその太さ（直径を mm）で表す。図6.3のようにして，断面の外接円の直径を測るのが正しい方法である。たとえば，1万トンクラスの大型商船では65〜70mmくらい，300トンクラスの練習船ならば40〜45mmくらいの合成繊維ロープが係留索と

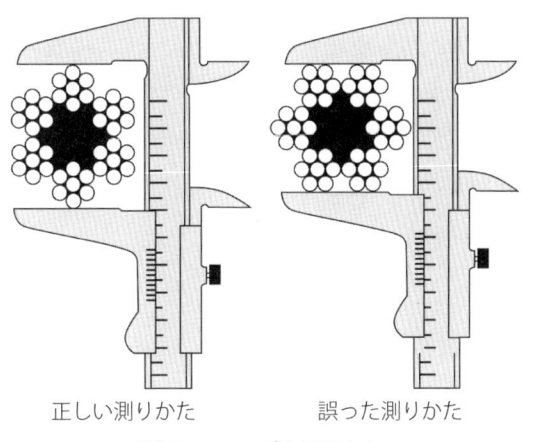

正しい測りかた　　　誤った測りかた

図6.3　ロープの測りかた

して使用されている。また，カッターの円柱型の防舷材は帆布などのかたまりを中心材として，その外側に8mmの合成繊維ロープを編んで製作される。このように，使用目的や船舶の大きさにより，用いるロープの直径は異なる。

(**4**) ロープの性能

　ロープの性能は，どのような場所で，どのような目的で使用されるかによって，重視するポイントが異なる。一般的に，ロープの性能は強度，重さ，伸び，硬さ，耐久性の5項目で評価される。

繊維ロープの性能のほとんどは原料繊維の特性により決まるので，高性能のロープを望むなら，まず良質の繊維が必要となる。そのため，研究開発が日々行われており，その使用目的に合ったさまざまな材質のロープが開発されている。

ロープの性能を表す一つの指標として荷重-伸び曲線がある。これは縦軸に荷重，横軸に各荷重をかけた際のロープの伸びをとったグラフである。図6.4は，日本で開発された**クレモナ**と呼ばれる合成繊維ロープ（直径16mm）の試験力（荷重）と伸び率の関係を示している。すなわち，荷重試験機でクレモナロープに荷重をかけた引張り試験の結果である。このクレモナロープは，安価で強度のあるロープとして日本国内で広く使用されている。

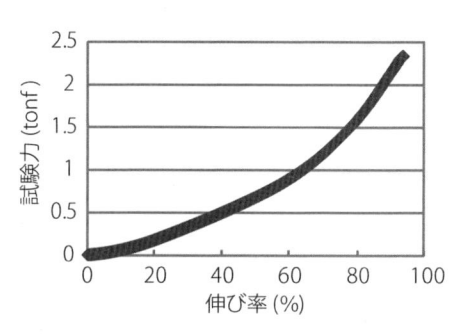

図6.4 クレモナロープ（直径16mm）の試験力と伸び率の関係

クレモナロープの由来

「クレモナ」はポリビニールアルコール系合成繊維の商標名。元々，クレモナとはイタリアの都市ミラノにほど近い小都市であり，近世初期においては美術の町，音楽の町として名をはせた。とくに，バイオリンの制作においては多くの名匠がこの町から輩出し，「クレモナ」はバイオリンの名器の代名詞となった。それにあやかり，繊維界のルネッサンスというべき合成繊維時代に，日本の技術で作り上げたクラレビニロンこそ合成繊維の名器であるとして命名された。

(5) ロープの強度

ロープの強度の表しかたには，目的に応じて以下の3つがある。実務上は安全使用力を用いることが多い。

① **破断力**（Breaking Stress）

ロープが切断した瞬間の荷重である。破断力 B（tonf）はロープの外周を C（インチ）とすると次の式から求められる。なお，式の分母は材質毎に実験で得られた係数である。

$$\text{マニラロープの場合} \quad B = \frac{C^2}{3}$$

$$\text{クレモナロープの場合} \quad B = \frac{C^2}{2.14}$$

$$\text{ナイロンロープの場合} \quad B = \frac{C^2}{1.2}$$

ここで，ロープの外周 C（インチ）をその直径 D（mm）から計算する方法を示そう。いまロープの直径が 10 mm だとすると，その外周は 31.4 mm = 1.23 インチである。直径の 10（mm）を 8 で割ってみると 1.25 になり，外周の 1.23（インチ）とほぼ等しい。つまり，$C = D/8$ と考えることができるのである。

② **試験力**（Test Stress）

加えていた荷重を取り去ると原形に返る範囲での最大の荷重である。試験力の 1/2 以下が安全使用力とされている。

③ **安全使用力**（Safe Working Stress）

安全に使用できる最大荷重であり，次の式によって求める。

$$\text{安全使用力} = \text{破断力} \div \text{安全率}$$

安全率はロープの種類や用途によって 5～8 の値が一般的に用いられる。

例題 1 直径 30 mm のクレモナロープの破断力 B は何 tonf か。また，安全率を 6 とした場合の安全使用力はいくらか。

解 $B = \dfrac{(30/8)^2}{2.14} = 6.57 \text{ tonf}$

安全使用力 $= 6.57/6 = 1.095 \text{ tonf}$

例題 2 索周 4 インチのクレモナロープの代わりとするには，直径 16 mm のクレモナロープが何本必要か。

解 索周（ロープの外周）が 4 インチということは，直径は 32 mm になる。材質は同じクレモナであるから，強度比は $(32/16)^2 = 4$，すなわち 4 本必要となる。

例題 3 直径 32 mm のクレモナロープの代わりとするには，同じ直径 32 mm のマニラロープが何本以上必要か。

解 直径 32 mm のクレモナロープの破断力　$B = \dfrac{(32/8)^2}{2.14} = 7.48 \text{ tonf}$

直径 32 mm のマニラロープの破断力　$B = \dfrac{(32/8)^2}{3} = 5.33 \text{ tonf}$

したがって，マニラロープは 2 本以上必要となる。

6.2　ワイヤロープ（Steel Wire Rope）

ワイヤロープは，亜鉛メッキした鋼線を数本ないし数十本撚り合わせてストランドとし，麻または鋼線を芯にしてストランド 6 条を撚り合わせて作る。麻芯(ましん)（Hemp Core）には特殊油を含ませる。柔軟性を要する場合はさらに各ストランドの中心にも特殊油を入れる。

JIS 規格による破断試験などにより，1 号から 6 号までの 6 種類のワイヤロープが船舶用の標準とされている。この号数が大きいほど，ストランドを構成する素線の直径が小さい。細い素線を数多く使うほど，また中心に麻芯を入れることにより，柔軟性は増すが強度が減少する。強度と柔軟性の両方の観点から，船舶で用いられる動索（可動部の索のこと）には 4 号から 6 号が利用されることが多い。

6.3 属具

船舶用の**属具**（ぞくぐ）は非常に多種類ある。ここでは，船舶内作業で用いられる代表的な4つの属具，①カーゴフック，②カーゴブロックおよびスナッチブロック，③シャックル，④アイプレートおよびリングプレートについてまとめる。

(1) カーゴフック（Cargo Hook）

カーゴフックは貨物の種類に応じて貨物を吊り上げる機器の先端に取り付ける金具である。貨物を固縛したワイヤやロープが外れにくいように爪が出ており，これをフックという。

図6.5に主なカーゴフックの種類を示す。貨物の種類ごとに外れにくいように，爪（フック）の形状が異なっているのが分かる。また，吊り上げた貨物のよじれを防止するために，フックの上部が回転しやすい構造（スイベル構造）のものもある。

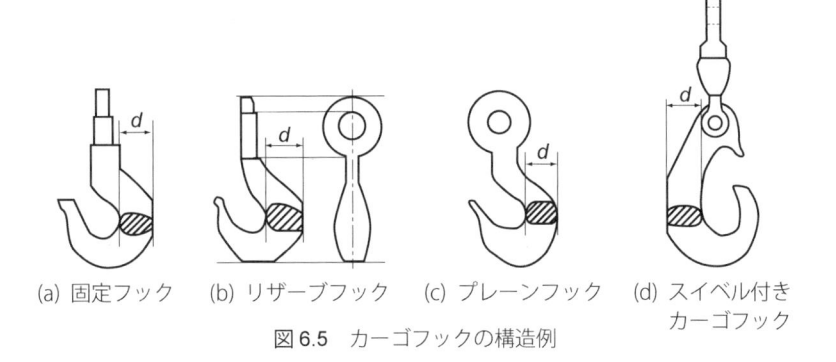

(a) 固定フック　(b) リザーブフック　(c) プレーンフック　(d) スイベル付きカーゴフック

図6.5　カーゴフックの構造例

フックの安全使用力 W (tonf) はフックの直径を d (cm) とすると次の式で概算できる。

$$W(\text{tonf}) = 0.05 \sim 0.10 d^2$$

ここで，係数はフックの形状によって次のように使い分けられる。

0.05：背部が円形のもの（図 6.5 (c)）

0.10：背部が台形のもの（図 6.5 (a) (b) (d)）

（2） カーゴブロック（Cargo Block）およびスナッチブロック（Snatch Block）

カーゴブロックおよびスナッチブロックは，貨物を吊り上げるための機器の滑車となる部品である。多くは鉄製であり，中央の鉄帯が開閉することによってワイヤを容易にかけられる。**リーディングブロック**ともいう。図 6.6 にこれらの概略図を示す。

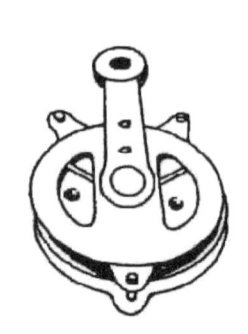

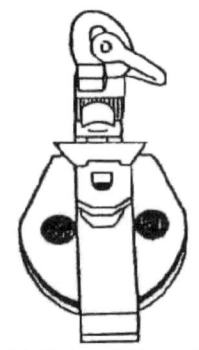

(a) カーゴブロック　　(b) スナッチブロック

図 6.6　カーゴブロックおよびスナッチブロックの概略図

（3） シャックル（Shackle）

シャックルとはボルトねじ込み式の止め金具のことである。受け金具の形状によって**ストレートシャックル**（Straight Shackle）と**バウシャックル**（Bow Shackle）の 2 種類に分けられる（図 6.7）。図の右端は側面図を，それ以外の図はシャックルの形状の違いを正面図で示している。機能はほぼ同じである。

各シャックルの安全使用力の計算式を以下に示す。

① ストレートシャックルの安全使用力 W (kgf) の計算式

$B = 1.5d$ のとき　$W = 6.2d^2$ (kgf)

$B = 2.0d$ のとき　$W = 4.4d^2$ (kgf)

ここで，B は連結部の内寸法（mm），d はシャックルの直径（mm）である。

② バウシャックルの安全使用力 W (kgf) の計算式

$$W = 4.5 \sim 4.7 d^2 \text{ (kgf)}$$

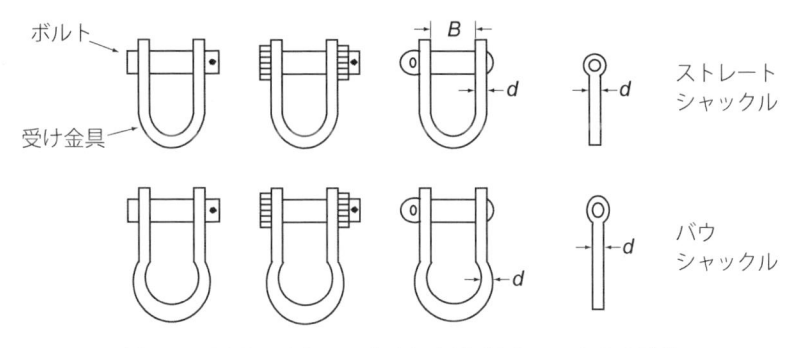

図6.7 ストレートシャックルおよびバウシャックルの形状

（4） アイプレート（Eye Plate）およびリングプレート（Ring Plate）

アイプレートと**リングプレート**を図6.8に示す。これらのプレートはハッチカバーの固縛用や，各種チェーンのストッパー（留め具）などとして用いる。図に示す輪の部分にワイヤ，ロープおよびチェーンを通す。図中にリングの直径 d と安全使用力 W の関係も示した。

$W = 0.005 d^2$ (tonf)　　$W = 0.004 d^2$ (tonf)

(a) アイプレート　　(b) リングプレート

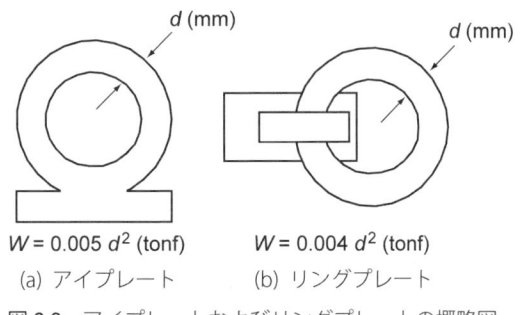

図6.8 アイプレートおよびリングプレートの概略図

6.4 塗料

（1） 塗料の歴史

古くは西暦250年にエジプトで，天然材料を用いた水性ペイントに似た塗料が使用されていた史実がある。

我が国で塗料として初めて使用されたのは漆(うるし)である。漆が発見されたのは孝安天皇の代，西暦420年前後といわれている（これより前に，日本武尊(やまとたけるのみこと)が発見したとの説もある）。また，日本国内に船舶用の塗料すなわち西洋式の塗料が知られるきっかけになったのは1853年，ペリーの浦賀への来航であるといわれている。その後，明治期の日清・日露戦争と共に塗料の技術は急速に発達し，とくに明治時代後半から油性塗料が発達した。

(2) 塗料一般の種類

塗料は次のように大きく3つに分類することができる。
① 透明性塗料：ボイル油，油性ワニス，セルロースワニスなど
② 不透明性塗料：油性塗料（ペイントとも呼ぶ），エナメルペイント，合成樹脂塗料など
③ その他広義の塗料：タール，パテ，ラッカーなど
船舶では主に油性塗料（ペイント）とエナメルペイントが用いられる。

① **油性塗料（ペイント）**
　堅練(けんれん)ペイント：「顔料(がんりょう)＋乾性油」の糊状のもの
　調合ペイント：顔料＋乾性油＋溶剤＋乾燥剤
　中練(ちゅうれん)ペイント：半溶解のもので濃度を加減できる

② **エナメルペイント**
　顔料，油性ワニス，揮発性油を調合したもので，油性塗料のような堅い塗膜と自由な色彩，ワニスのような光沢を持っている。

(3) 船底塗料の種類と役割

船底は塗装の前に通常，ドック内でカキや海藻などの付着物を取り，乾燥を待って錆を落とす（5.2節参照）。その後，以下の船底塗料を塗装する。
各船底塗料を塗装する場所および塗装の順番の概要を図6.9に示す。
① 船底第一号塗料（A/C塗料，Anti-Corrosive Paint）

これは船底甲板の錆止め用の塗料である。船底の錆を落とした後，最初に塗る塗料である。船底面に最初に塗られるため，この塗料の品質は船体保護の上で重要である。さらに，その塗装状態は船底第二号塗料の効力も左右する。

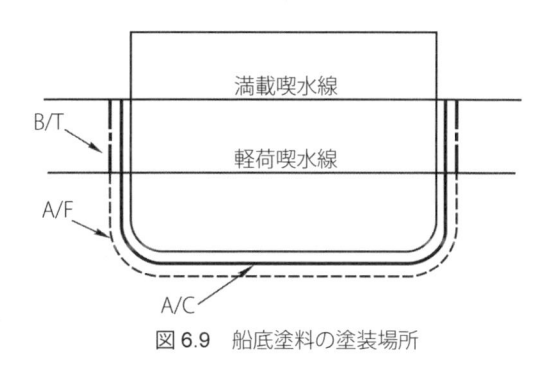

図 6.9　船底塗料の塗装場所

② **船底第二号塗料（A/F 塗料，Anti-Fouling Paint）**

これは生物の着生を防止する塗料である。亜酸化銅のような有毒性の物質を含んだ防汚剤を使用している。船底第一号塗料と船底第二号塗料は，原則として同一メーカーの塗料を利用する。

③ **船底第三号塗料（B/T 塗料，Boot Topping Paint）**

水線部周辺に防汚・錆止めを目的として帯状に上塗りする塗料である。この水線部は最も使用条件が厳しく，防汚・錆止め機能の維持が難しい。このため，これらの機能を求めず，美観を主目的とした塗料を使用することもある。

(4) その他の塗料

① **油性ワニス（Oil Varnish）**：樹脂と乾性油を溶剤で溶かしたものであり，これらの配合の割合によって性質が異なる。乾性油の割合が多いほど耐候性，耐水性があり，他の塗料の上塗りに適している。

② **精ワニス（Spirit Varnish）**：樹脂を溶剤で溶かしたものであり，一般に乾燥は早いが，耐候性がない。木材や，やに止めなどに用いられる。

③ **ラッカー（Lacquer）**：硝化綿と樹脂を溶剤で溶かしたものである。乾燥が早く，光沢もあり，酸，熱，湿気に対する耐久力もあるが，耐光性が低い。

④ **パテ（Putty）**：炭酸石灰と乾性油を練り合わせたものである。目止め❶や，

マンホールその他開口部の密閉などに用いる。
⑤ 黒鉛❷（Black Lead）：防錆力が大きく，パッキンの着合部，機械の滑動部などに使用する。
⑥ 石灰（Lime）：水に溶いて空気の流通の悪い箇所に塗って湿気を吸収させる。また，木甲板上に落ちた油類の吸着などにも用いる。

(5) 塗装方法

一般的な塗装作業のポイントを簡単にまとめる。
① 準備作業のポイント
- 必要な塗装物品の準備を行う。
- 補修個所の入念な確認を行う。
- 作業を行う条件としては，甲板表面温度が＋3℃以上，湿度85％以下でなければならない。
- 塩分，汚れ，ほこりなどがついている箇所は，水による洗浄，洗剤およびシンナーなどによる清掃を行う。
- 作業用の安全な足場を確保する。
- 残存しているスラグ❸などはピッチングハンマーで確実に除去する。
- 著しい発錆箇所は，ブラスト機器（錆を落とすための専用機器）によって錆を取り除く。
- 塗装面を乾燥させる。

② 塗装作業のポイント
- 塗装する前に塗料を十分に撹拌する。
- スプレーを使用する場合は塗料にシンナーを加えるが，塗料の仕様書を確認の上，指定された量を超過しないようにする。
- スプレーでは塗装しにくい箇所には刷毛を使用することが推奨されている。刷毛を用いる場合は，1回では十分な厚膜が得られないため，数回の塗装が必要となる。

船舶用塗料の近代史

船舶用の塗料は近代に入り次のような歴史と共に発展した。
1904年：日露戦争時から船舶用塗料の需要が増加した。
1911年：油性塗料を国内生産する技術が確立された。
1919年：船底塗料が我が国で製品化された。
1920年：錆止め塗料がはじめて開発された。
以上のように1900年代はじめに，重要な塗料の開発はすでに行われていたのである。

まとめ

　船用品（船具）は船舶を運航する上で，脇役でありながら，重要な役割を担っている。本章では代表的な船用品であるロープ，ワイヤロープ，属具，塗料について簡略にまとめた。しかし，船用品はその種類や利用形態がつねに変化しているので，最新の動向に注意する必要がある。

◆解説◆

❶ 目止め
　鋼板接合部などの小さい穴のあいた箇所を密閉処理することをいう。

❷ 黒鉛
　グラファイトともいう。炭素から成る元素鉱物。当初は鉛を含むと考えられていたため，英語でBlack Lead，日本語でも黒鉛と呼ばれるが，鉛は含まれていない。

❸ スラグ
　一般には，スラグ（Slag）とは鉱石精錬の際に残るカスを意味するが，船舶の塗装に関しては「船体に生じた錆の一定の広範囲のかたまり」をスラグと呼ぶ。

なぜ，船が世界一大きな乗り物になったのか

　現代の世界最大の船は幅が約 60 メートル，長さが約 350 メートルある。なぜ，300 メートルを超える大きな船が作られ，壊れもせずに動いているのか。この理由について考えてみる。

　世界最大の動物といわれているクジラが海に住み，暮らしている。最も大きなクジラはシロナガスクジラであり，その体重は 100〜120 トン，体長は 30 メートルを超える巨大な動物である。クジラは人間と同じ哺乳類であり，その祖先はカバや牛と同じ偶蹄類（ぐうてい）の四ツ脚のイヌのような姿をした哺乳類といわれている。この同じ祖先が海で進化したら巨大なクジラになり，陸で進化したらカバになったのはなぜなのか。

　クジラが大きくなった理由は二つあると考えられる。

　まず，クジラは一日に自分の体重の 3〜4 パーセントの餌（えさ），すなわち約 100 トンのクジラなら 3000 キログラム以上の餌を必要とするといわれている。海にはこの大きな体を育て，維持できる量のプランクトンや小魚などの餌が豊富にある。クジラが大きくなり得た理由の一つである。

　また，水中のクジラは 100 トンを超す大きな重量を均一に働く浮力により優しく支えられ，軽くなり，移動する際の抵抗も少ない。クジラが大きくなり得たもう一つの理由は，このように海では大きく重い体が浮力で支えられ，少ない力で簡単に移動でき，プランクトンや小魚などの餌の捕食が容易に行えることである。

　この二つの海の特性がクジラを世界最大の動物に進化させたと考えられる。そして，この二つめの海の特性が，船が昔から使われ，世界最大の移動体となった理由でもある。

　水中の船体には均一な浮力が働き，重量を支え，移動に伴う抵抗も小さい。海では人や荷物を積んだ重く大きい船体は浮かび，小さな推進力で移動できるのである。この移動体としての大きな特徴が，船を世界一大きな乗り物にしたのである。

CHAPTER 7

舵とプロペラ

　船が海上を自由に動き回れるのは，船に舵とプロペラが装備されているからである。プロペラと舵の配置を図 7.1 に示す。本章ではこの重要な設備について解説する。

図 7.1　舵とプロペラ

7.1　舵の作用

　ここでは舵（Rudder）がどのような働きをしているのかを詳しく解説する。舵は船首方位を変化させる上で重要な働きをしている。船は舵がないと海上を自由に動き回ることができない。舵が水の流れを利用してどのように力を発生させているのか，またその力で船首方位をどのように変化させるのかを理解してほしい。

(1)　水の力学

　舵の働きを知る上で必要なのが水の力学を少々理解することである。
　水の力学においては**ベルヌーイの定理**（Bernoulli's Theorem）という重要な定理がある。この定理を知ることなしに，船の運動にかかわる性能を理解することはできない。そこで，まずベルヌーイの式について理解を深めることにする。
　水の流れが定常で，外力（重力など）が働かないものとすると，次の式が成り立つ。ここで定常とは，流れが時間経過によって変化しない状態をいう。

$$P + \frac{1}{2}\rho V^2 = 一定 \quad \cdots\cdots\cdots\cdots\cdots\cdots\cdots\cdots\cdots\cdots\cdots\cdots\cdots\cdots\cdots\cdots (7.1)$$

ここでPは圧力（水圧），ρは密度，Vは速度（流速）を示す。とくに$V=0$のときの圧力をP_0とすると，式(7.1)は

$$P + \frac{1}{2}\rho V^2 = P_0 \quad \cdots\cdots\cdots\cdots\cdots\cdots\cdots\cdots\cdots\cdots\cdots\cdots\cdots\cdots\cdots (7.2)$$

となる。ここでP_0を淀み点圧力，または全圧という。また左辺の第1項を静圧，第2項を動圧と呼ぶ。式(7.2)は「全圧は静圧と動圧の和である」ことを示しており，これをベルヌーイの定理と呼ぶ。

　この定理は一見，難しそうに感じるかもしれない。しかし，実は誰もが知っている定理なのである。たとえば，ホースで庭に水を撒いたことはないだろうか。水を遠くへ飛ばしたいときは，ホースの先を摘んで水の出口を小さくしたはずだ。ホースの先の断面積を小さくすると水の流れが妨げられるため，出口前の流速が低下，動圧も低下し，静圧は増加する。ホースの出口後の水の静圧は小さい大気圧であり，出口前の高い静圧と出口後の低い静圧との大きな圧力差がすべて動圧となる。すなわち，ホースの先の小さな出口から高い速力の水が噴き出す。まさにこれがベルヌーイの定理なのである。

(2) 舵に働く力

　図7.2は舵断面の形状を表している。図に示すように流れのなかに置かれた舵に働く力のうち，流入速度方向の分力を**抗力**（D），それに垂直な方向の分力を**揚力**（L）という。舵は抗力に比べて揚力が大きくなるように造られている。舵断面の形状を**翼型**という。**前縁**（舵の先端）から**後縁**（舵の後端）までの長さ（b）を**翼弦長**という。

　翼に作用する揚力L，抗力D，モーメント（翼の前縁から約$b/4$となる翼弦長の点，舵軸中心に関するもの）Mは以下のように示される。ここでモーメントとは舵軸周りに舵を回転させる作用のことである。

図 7.2 舵断面と各部名称

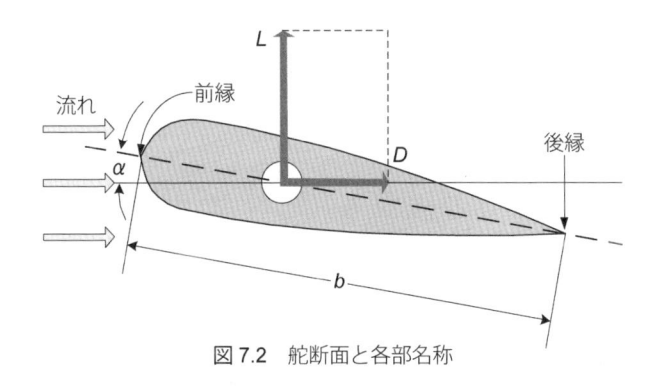

$$L = C_L \frac{1}{2} \rho U^2 A \quad \left[C_L = L \bigg/ \left(\frac{1}{2} \rho U^2 A \right) \right] \quad \cdots\cdots\cdots\cdots (7.3)$$

$$D = C_D \frac{1}{2} \rho U^2 A \quad \left[C_D = D \bigg/ \left(\frac{1}{2} \rho U^2 A \right) \right] \quad \cdots\cdots\cdots\cdots (7.4)$$

$$M = C_M \frac{1}{2} \rho U^2 bA \quad \left[C_M = M \bigg/ \left(\frac{1}{2} \rho U^2 bA \right) \right] \quad \cdots\cdots\cdots\cdots (7.5)$$

ただし，Uは流入速度，Aは翼面積であり，C_L，C_D，C_Mはそれぞれ揚力係数，抗力係数，モーメント係数と呼ばれ，翼の性能を表す。

ここで，これら各係数について解説を加える。物理量が単位を持つ場合，その物理量は次元を持つという。物理量が単位を持たない場合，その物理量は無次元であるという。単位を持たない数を無次元数といい，次元を持つ数を次元のない状態にすることを無次元化という。流体は無次元数を用いることによって大きさに関係なく現象をパターン化して表すことができる。したがって，これら各係数は式(7.3)～(7.5)の [ ] 内のように無次元化された無次元数で表される。

(3) どのように力が働くのか

ここでは，翼型周りの流れに注目して，舵に働く力について説明する。図 7.3 に示すように，流れに対して舵断面が平行な状態（迎え角 $\alpha=0$）の場合を考える。舵上面の流速を $V_上$，圧力を $P_上$ とする。下面の流速を $V_下$，圧力を $P_下$ と

図 7.3　舵周りの流れ -1

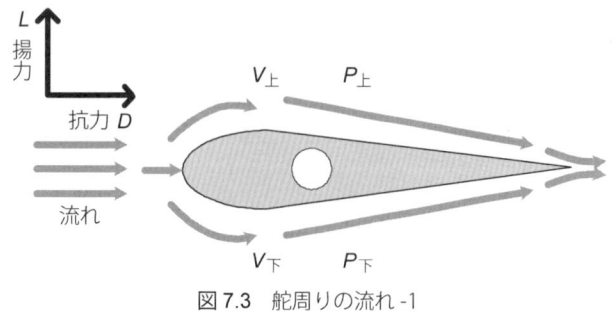

する。式 (7.1) をこの状態に当てはめると次の式が成り立つ。

$$P_上 + \frac{1}{2}\rho V_上^2 = P_下 + \frac{1}{2}\rho V_下^2 \quad \cdots\cdots\cdots\cdots\cdots\cdots\cdots\cdots\cdots\cdots\cdots\cdots (7.6)$$

　舵の上面の流れと下面の流れは同じ状態であり，流速と圧力も等しい。この場合は流れの抵抗力のみを舵が受けており，揚力は働かない。

　これに対して図 7.4 のように，流れに**迎え角**（流れに対する角度）をとると，舵周りの流れはどのように変化するだろうか。流れは舵の前縁部より下の点（**淀み点**）から上面と下面に分かれて流れる。ただし舵周りの流れには大切な条件がある。それは上面と下面に分かれた流れは，同時に後縁で出会わなければならないという条件である。これを**クッタの条件**（Kutta's Condition）という。この条件を満たした流れであるならば，舵上面の流れは下面の流れより距離が長いので，舵上面の流れは下面の流れより速くなる。

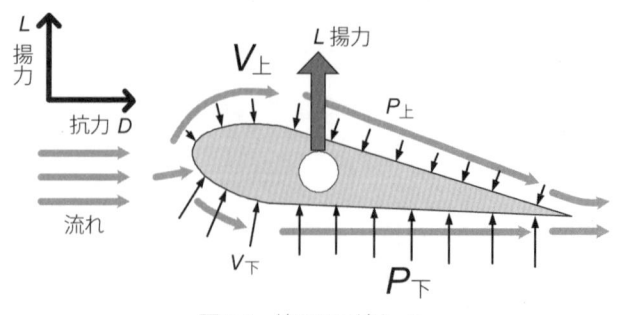

図 7.4　舵周りの流れ -2

ここで式(7.1)をこの状態に当てはめると次の式が成り立つ。

$$P_上 + \frac{1}{2} \rho V_上^2 = P_下 + \frac{1}{2} \rho V_下^2 \quad \cdots\cdots\cdots\cdots\cdots\cdots\cdots\cdots\cdots\cdots \quad (7.7)$$
（小）　　（大）　　（大）　　（小）

この式は式(7.6)と同じであるが，その中身は大きく異なった意味を持つ。式(7.7)の上面の速度を含む項（左辺第2項）は下面の速度を含む項（右辺第2項）に比べて大きくなる。したがって上面圧力（左辺第1項）は下面圧力（右辺第1項）に比べて低くなる。加えて，圧力は図7.4に示すように，物体表面に垂直に働く性質を持つ。したがって図のように，圧力差が生じて揚力が発生する。

このように迎え角をとることによって，舵は舵周りの流れを変化させ，圧力差をうまく利用して揚力を生じさせているのである。

(4) 舵角（迎え角）は大きいほうが良い？

舵角を大きくとればそれだけ揚力が発生し，舵効きが良いのだろうか。図7.5に示すように，舵角を大きくとると舵周りの流れが剥離を起こし，舵性能が悪くなる。加えて，剥離した流れが渦を生じることになり，舵が振動を起こす。この流れはクッタの条件を満たしていない。ここで流れが剥離するというのは，舵側面から水（流体）が剥がれてしまうことである。また図の斜線部のように舵と一体化した部分が生じることになる。この部分を**死水領域**といい，舵と一

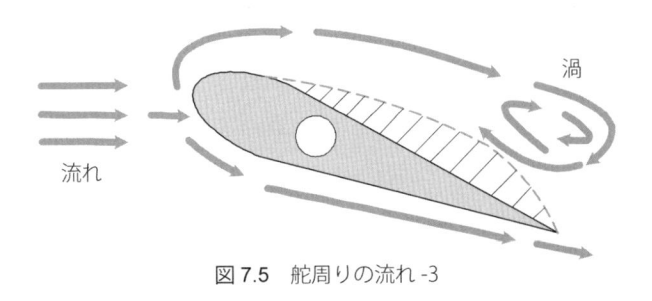

図7.5　舵周りの流れ -3

緒に移動する。言い換えれば，舵はこの部分の水を背負って移動することになり，あたかも舵の質量が増えたような状態になる。この質量を付加質量という。結果として揚力は急激に低下（失速）する。したがって舵角を大きくとれば良いというわけではない。

一般的に船の舵角は最大 35 度（deg.）である。特殊な舵でない限り，それ以上大きな舵角をとることはない。

（5） 舵をとると船はどうなる？

図 7.6 は上空から船体を見た図である。航行中に舵をとる（左図）と，舵に揚力が働き，船尾を振る（右図）ことになる。したがって，船首方位が変化し，変針が可能となるのである。また，船体が停止状態であっても，プロペラを回転させて舵に流体（水）を当てることにより，舵に揚力を発生させ，変針させることが可能となる。

このように，船は舵の働きによって進もうとする向きを

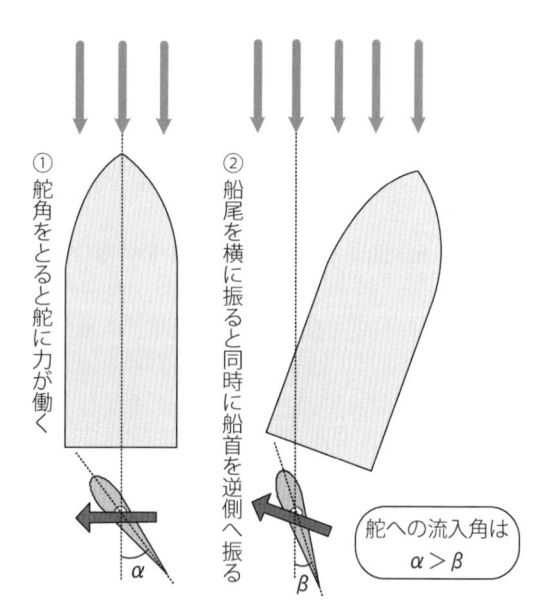

① 舵角をとると舵に力が働く

② 船尾を横に振ると同時に船首を逆側へ振る

舵への流入角は $\alpha > \beta$

図7.6　舵角変化による船体運動

変えて航行する。言い換えれば，舵は船体を斜行させるために装備されているといってもよい。この船体の斜行が，船の旋回に大きな影響をもたらす。斜行することにより，舵に流入する流れの迎え角は舵角より小さくなる（右図）。したがって舵角を大きく 35 度までとっても失速状態にはならない。

7.2 プロペラの原理と各部名称

一般商船においては，推進装置として広く**スクリュープロペラ**（Screw Propeller）（以下，**プロペラ**と表記）が用いられており，これを回転／逆回転させることにより前進／後進が可能となる。本節ではこのプロペラの各部名称やその働きについて紹介する。

(1) プロペラの原理

ねじをドライバで時計回りに回すとねじ穴の奥へと入り込み，反時計回りに回すとねじ穴から出てくる。プロペラはこのような「ねじ」の特性を生かした推進器であり，らせん推進器，ねじプロペラと呼ばれることもある。

図 7.7 にねじとプロペラの羽根が回転した場合の比較を示す。プロペラの羽根の形状は斜線部のように，ねじ山の頂と谷底を連絡するフランク面（ねじ面，らせん面）の一部を切り取ったものといってもよい。ねじ山の頂と谷底は，それぞれ羽根の先端と根元に相当する。**らせん面**とは，図に示す**母線**が一定速度で軸（A–A'）の周りを回転しながら進むときにできる面である。また，プロペラやねじが1回転したときに羽根やねじの任意の点が軸方向へ進む距離を**ピッチ**（Pitch）という。プロペラは回転することによって，ねじが回転し穴の奥へと進むように流体のなかを前進することができる。

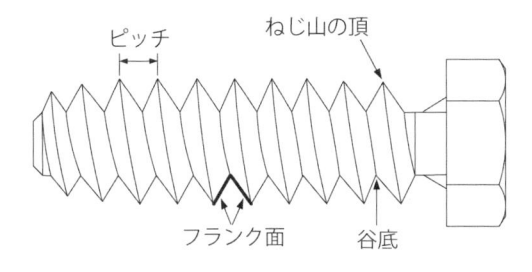

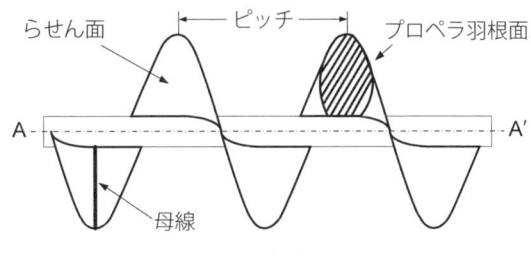

図 7.7 らせん面

(2) プロペラの各部名称

プロペラの基本構造は，**羽根**と**ボス**部からなる。羽根のボス取り付け部を**羽根根元**，先の部分を**羽根先端**という。羽根は推進力を生み出す部分であり，ボスは羽根を支持し，プロペラ軸に接合する部分である。

スキューバックとは羽根の設計上の中心線と羽根先端との距離である。一般的には船体に取り付けたときに良好な性能を示すスキューバックを持つ，図7.8のような，えぼし型の輪郭をした羽根が採用されている。

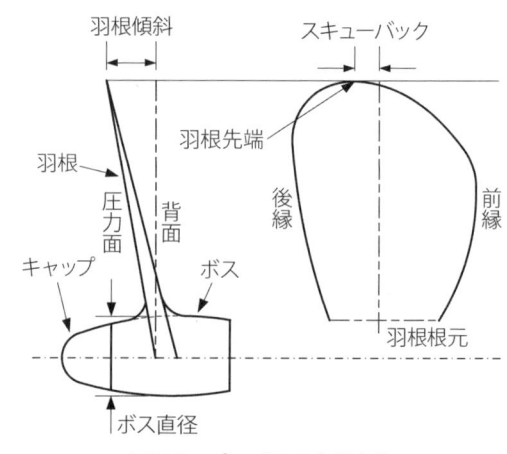

図7.8 プロペラの各部名称

また，プロペラの船尾側から見える面を**前進面**（圧力面，正面）という。前進面は，前進時に推力を受ける面である。前進面の反対の面を**後進面**（背面）という。後進面は後進時に推力を受ける。

一般的にプロペラの羽根は，プロペラ軸と垂直ではなく船尾側に傾斜しており，この傾斜を**羽根傾斜**という。羽根の断面は図7.9に示すような形状をしている。(a)は羽根の最大厚さが羽根幅の中央にあ

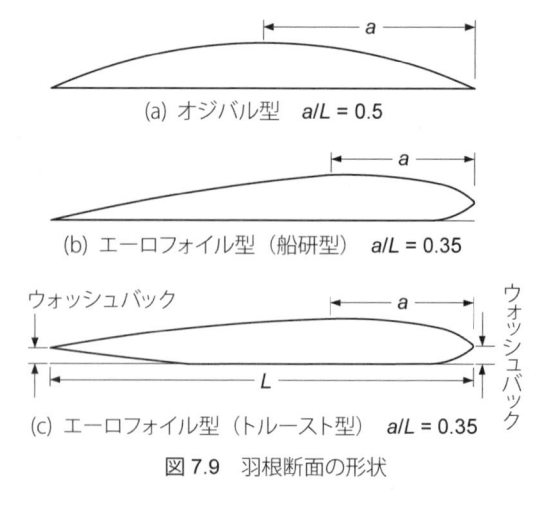

(a) オジバル型　$a/L = 0.5$

(b) エーロフォイル型（船研型）　$a/L = 0.35$

(c) エーロフォイル型（トルースト型）　$a/L = 0.35$

図7.9 羽根断面の形状

るオジバル型（円弧型），(b) と (c) は前縁から約 1/3 付近にあるエーロフォイル型（飛行機翼型）である。(b) は前縁が，(c) は前縁と後縁が基準線より反り上がっており，これをウォッシュバックという。

7.3 プロペラの性能

前述したように，プロペラが 1 回転したとき，羽根の任意の点が軸方向に移動する距離 P (m) をピッチという。もし羽根の周りの水が移動しないならば，プロペラは P (m) だけ前進するはずである。しかしながら実際には水は後方へ押し流されてしまうために，前進距離は P (m) には至らない。その差，つまりピッチから実際のプロペラ前進距離を差し引いた距離をスリップ（Slip）という。

(1) キャビテーション（Cavitation）とエロージョン（Erosion）

プロペラ羽根の断面に対して入射角 α で水が流入しているとき，羽根表面の圧力を計測すると図 7.10 のような分布になる。図中，圧力面とは羽根断面の下面であり，背面とは上面を示している。

羽根の圧力面には正圧が働き，背面には負圧が働く。

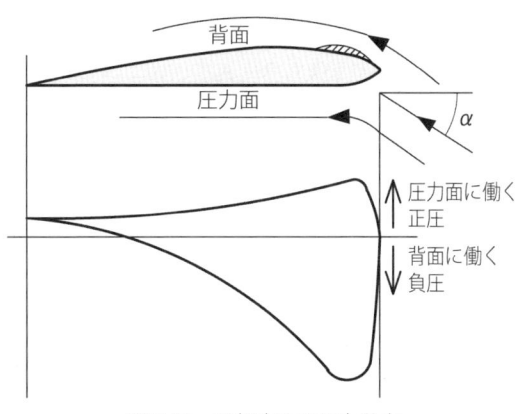

図 7.10 羽根表面の圧力分布

この負圧が大きくなり，背面圧力が飽和蒸気圧より小さくなると，水は常温でも蒸発を始めて気泡となり，空洞（図の斜線部）を生じる。これを空洞現象（キャビテーション）という。キャビテーションを生じると推力が減少し，船速が落ちる。

また，発生した気泡が後縁へ流れ，後縁部は気泡の発生した箇所より圧力が

高いため，気泡が急激に押しつぶされることになる。このときの衝撃力により羽根表面に浸食が起こる（図7.11）。これを**エロージョン**という。エロージョンが進むと羽根が曲がったり，折れたり，穴があくこともある。

(2) トルクとスラスト

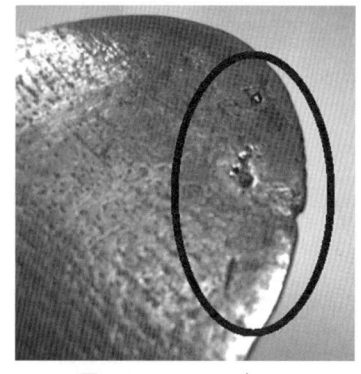

図7.11 エロージョン

　主機関を発動するとプロペラ軸が回転する。プロペラにはプロペラ軸を通して回転力（**トルク**）が伝達される。加えてプロペラが回転することにより推力（**スラスト**）が発生する。ここでトルクとは，回転中心から力の作用線までの長さと力の積で表される回転軸周りの力のモーメントのことである。プロペラ自体にも，流体中で回転して水を掻くことによりトルクが生じる。スラストとは船を前後進させる推進力のことである。

　船体が航走するとそれに付随する流れを生じる。この流れを**伴流**という。伴流は船尾部にも発生する。プロペラが作動することにより船尾の圧力が低下するために船体抵抗 R_T は増加する。この増加分 ΔR とスラスト T の比 $\Delta R/T = t$ を**推力減少率**という。プロペラが十分下流にある場合を考えると，船体へのプロペラの影響は無視できるため $T = R_T$ となる。ここでプロペラに流入する流体の速度 V_a は船速 V_s より遅く，その比を $V_a/V_s = 1 - \omega$ と置いたときの ω を**伴流係数**という。図7.12にプロペラの流体に対する相対速度 V_a，船体の流体に対する相対速度 V_s，スラスト T，船体抵抗 R_T の関係を示す。仕事から考えると，プロペラはプロペラと流体の相対速度 $V_a = (1 - \omega)V_s$ で動いているため TV_a の仕事をし，船体は船体と流体の相対速度 V_s で動いているため $R_T V_s$ の仕事をしている。この比を

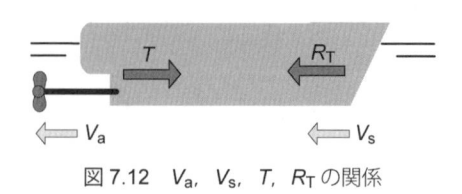

図7.12　V_a, V_s, T, R_T の関係

とると $R_T V_s / T V_a = 1/(1-\omega) \geqq 1.0$ となる。これを**伴流利得**という。これがプロペラを船尾に置く理由の一つである。

（3） 吸入流と放出流

プロペラ前後には，プロペラに吸い込まれる**吸入流**と，らせんとなって押し出される**放出流**がある。プロペラは船尾甲板の下に設置されている。したがってプロペラ吸入流は船底から供給される。このことが，プロペラに生じるトルクや，放出流に影響を与える。

前進時にはプロペラ後進面（背面）に吸入流が，船底から上向きに流れ込む。プロペラ羽根が回転円（前進面）の右半円を回るときは，上向きの吸入流に対して羽根が上から下へ水を掻くことになり，左半円を回るときに比べて羽根に強いトルク生じ，推力も増す。したがって放出流も前進面右半円のほうが強くなる。

（4） 横圧力作用

船体が軽貨状態であるときなど，喫水が浅くプロペラ羽根の一部が水面上に出る場合，またはプロペラの回転円が水面に近づいた場合に，羽根による空気の吸込みや泡立ち現象が起こる。このとき，羽根は水深の

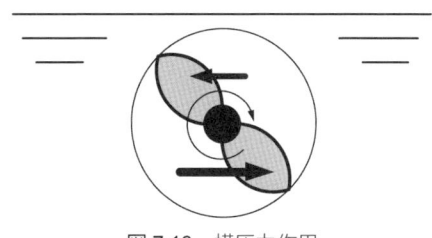

図7.13　横圧力作用

深いところのほうが強く水を掻くことになり，回転面の上下で横方向の推力に差を生じる。したがって船尾を横に振る現象が起こる。これを横圧力作用という。

（5） 放出流の側圧作用

1軸右回り（プロペラが1つで，回転が前進面から見て時計回り）の船がプロペラの作用により大きく回頭する現象があるが，それは以下のようにして起

こる。

　前進して航行中に急速停止する場合，プロペラが逆転するために放出流は船尾側から船首側へ放出される。この放出流は右舷船尾側面の広い範囲に当たるため，非常に強い力が右舷船尾側面に作用し，船尾を左へ押し出す。この作用を放出流の側圧作用という。したがって船体は減速しながら右回頭することになる。

(6) 相互干渉

　プロペラが前進回転すると，船体周りの流体が加速する。このためとくに船尾側面の圧力低下を招き，船体抵抗が増すことになる。また吸入流や放出流が舵や船体側面に影響を及ぼす。とくに舵には放出流の影響がある。舵の没水部の形状や，放出流の当たる面積の違いによって，舵角0度においても舵に横力が働く場合がある。つまりプロペラは船体と相互干渉を起こし，また舵とも相互干渉を起こす。加えて船尾では，船底からの流れや，伴流（(2)参照）の影響もある。船尾に働く流体力は複雑に絡み合っているのである。

図 7.14　放出流の側圧作用

まとめ

　この章では，まず舵がどのように力を発生させるのかを知った。また，舵の働きにより船が船首方位を変化させ，海上を自由に運動できる仕組みを知った。船は水の力をうまく利用して航行している。加えてプロペラにはさまざまな作用があり，船体や舵と相互干渉していることを知った。船を操船する者は，水の特性や自船の操船上の特性を理解することが必要となる。

CHAPTER 8

性能に関する基礎知識

　重さ約1トンである軽自動車には，おおむね64馬力のエンジンが付いている。一方，コンテナ船は5万トンの重さがあっても，搭載しているエンジンはせいぜい5万馬力で，1トンにつき1馬力のパワーしかない。車のパワーに比べて1/60以下であるからスピードが出ないことも当然だが，左右に曲がるのもゆっくりしか旋回することができないし，いったん回り出したらなかなか止められない。戦闘機を操るゲームなどでは目まぐるしく動かすために操縦が難しいのに対して，大型船はハンドル（舵輪）操作に対する反応がゆっくり過ぎて，しかも動き出したら止まりにくいので操縦が難しいのである。

　この章では，このような特徴を持つ船の運動性能について学ぶことにしよう。

8.1　操縦性能（Maneuvering Capability of Ships）

　大型タンカーの海難事故が引き起こした海洋汚染などをきっかけにして，船舶の操縦性能について，IMO（国際海事機関）は，各船が持つべき操縦性能基準を2002年に改訂した。それによると，操舵に応じた船の**操縦性能**は次の4つに分けられる。

①　旋回性能：少ない領域で旋回できる，すなわち障害物をただちに避けることができる性能

②　停止性能：速やかに停止する性能

③　変針性能：変針する場合の舵効きと新針路への落ち着き具合に関する性能

④　当舵・保針性能：針路安定が難しいか否かの性能

以降，それぞれについて記述する。

8.2 旋回性能（Turning Ability）

船の**旋回性能**を調べるためには，舵をとりっぱなしにして旋回させる旋回テストの結果を見ればよい。この旋回テストは，新造時はもちろん，定期検査ごとに実施される。この節では，旋回テスト時の船体の動きや，持つべき旋回性能について説明する。なお，説明で「横方向」とは船の左右の幅方向のことをいい，「縦方向」とは前後の長さ方向の意味である。

(1) 操舵によるキックと速力低下，横流れ角

船を巡航速力（サービス速力），一定針路で航走させ，舵角をたとえば20度とり，とりっぱなしにする。旋回の初期においては，船首は旋回するが，船尾は舵の横方向の力によって，舵をとった反対側に押し出される。そして原針路より操舵反対舷に横偏位する。これを**キック**という。とくに船尾の操舵反対舷への振り出しは**船尾キック**（図8.1）といい，最大舵角でおよそ船の長さの1/7にも達するので，操船上注意を要する。

また，操舵によって旋回が進むにつれて船速が落ちるので，一般的な変針の際も，操舵する側の後方から迫ってくる他船がいないかどうか確認するほうがよい。この転舵による速力低下は長さに比べて幅の小さい，やせ型の船のほうが大きい。

図8.1からわかるように，船が旋回する場合，重心の軌跡より内側に船首が入り込み，外側に船尾がはみ出している。その姿勢を保ちながら旋回するのだ

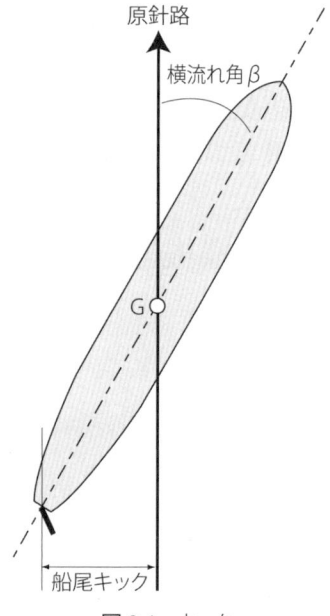

図8.1 キック

が，重心の軌跡に対するこの内側向きの角度を**横流れ角** β（Drift Angle）という。

(2) 旋回時の横傾斜

プレジャーボートなどは，舵をとった側に大きく傾斜（バンク）しながら旋回する。大型船も旋回当初は旋回側に傾くが，やがて旋回が進むと遠心力により，旋回する外側に傾斜するようになる。また，旋回する過程において船体は横揺れを生じる。このことについて詳しく説明をする。

図 8.2 を見てほしい。(a) は右旋回するために舵をとった状態である。このとき，舵には揚力が働き，船尾を左側へ押し出す働きをする。(b) は (a) の状態を船の上方から見たものである。(a)，(b) は共に舵をとった瞬間に船体に

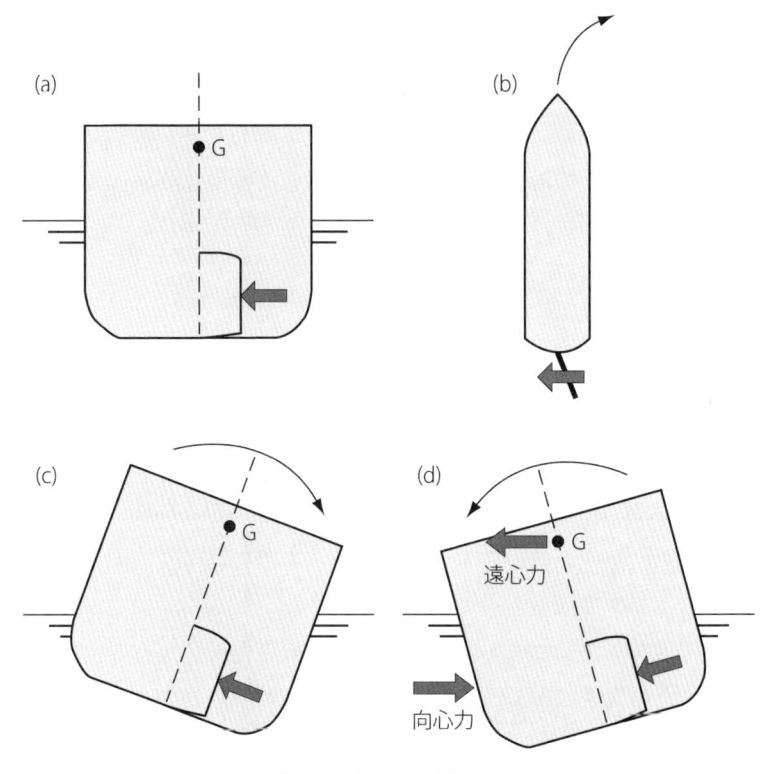

図 8.2　旋回中の横傾斜

働く力を示している。

(1)で説明したように，舵をとると船体は船尾キックの状態となる。この状態を(c)に示す。舵に働く揚力は，船体重心位置Gより下に働くため，船体は図のように時計回りに横傾斜する。これを内方傾斜といい，旋回圏の内側に傾斜することになる。

船尾キックの後，定常旋回に至ると(d)の状態となる。この状態では舵に働く揚力の他に，船体重心位置に旋回運動による遠心力が働く。加えて船体周りの流体の流れが変化することにより，船体自体に働く揚力（向心力）が船体没水部に生じる。したがって船体は図のように反時計回りに横傾斜することになる。

この旋回による船体の横揺れ現象については，積荷や船具をしっかり固縛しておかないと，旋回時にそれらが甲板上や船倉で移動して，船員の怪我や荷崩れを起こし，船が転覆することにもなりかねない。小型の漁船などにおいては，停止している状態から急激に加速・旋回すると，漁具や海水を含んだ重い漁網が甲板を移動して，船員が足をすくわれ転倒，落水したり，漁船が転覆する恐れがある。さらに，一般的に自動専用船やコンテナ船は重心が高く，高速なので，この旋回時の傾斜にはとくに注意が必要である。

(3) 旋回圏（Turning Circle）と旋回性能（Turning Ability）

舵をとりっぱなしにすると，旋回速度はいずれ一定となり，船は円を描いて旋回する。その航跡を**旋回圏**と呼ぶ。図8.3に旋回圏に関する各名称を示す。このうち，「狭い領域で旋回できるかどうか」である旋回性能の良し悪しを決めるのは，**最大縦距**（Max. Advance）と**旋回径**（Tactical Diameter）の値である。ただし，これらの値は船の大きさや長さによって異なり，同じ船でもそのときの船速によって異なる。

そこで，図8.4のような総トン数，長さ，巡航速力が異なる3種類の船で旋回テスト行った結果を図8.5に示す。なお，初期速力を12.5ノットに，操舵角を右35度にそろえて実施した。比較してみると，練習船は130mくらいで旋

回しているが，PCC（自動車専用船）は600mを超えるスペースを必要としている。つまり，船の長さが長いほど旋回径は大きくなっている。この旋回航跡をそれぞれの船の長さで割って比較したのが図8.6である。船の長さの3.5～4倍程度で旋回していることがわかる。このように，船の操縦性能は，船の長さや船速，喫水や幅などで無次元化して比較すると，おおよその目安が判明してくる。

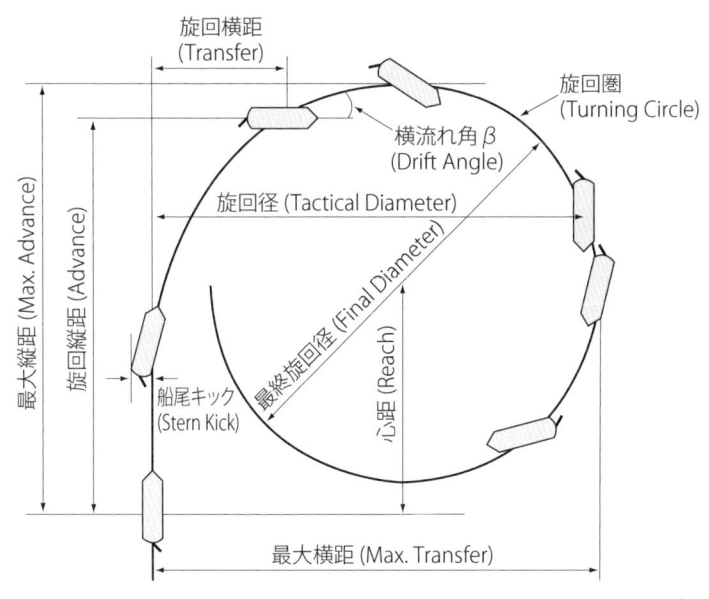

図8.3　旋回圏に関する名称

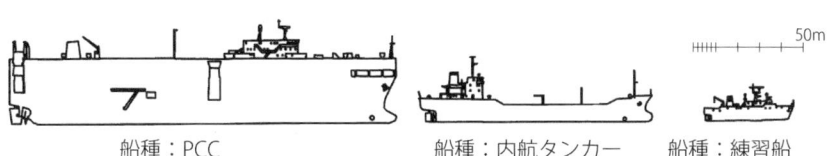

図8.4　旋回テストに使用した船

船種：PCC
総トン数：36,700トン
Lpp：166 m
船速：18.9ノット

船種：内航タンカー
総トン数：3,100トン
Lpp：97.6 m
船速：14.0ノット

船種：練習船
総トン数：226トン
Lpp：38 m
船速：12.5ノット

図 8.5　35°旋回航跡

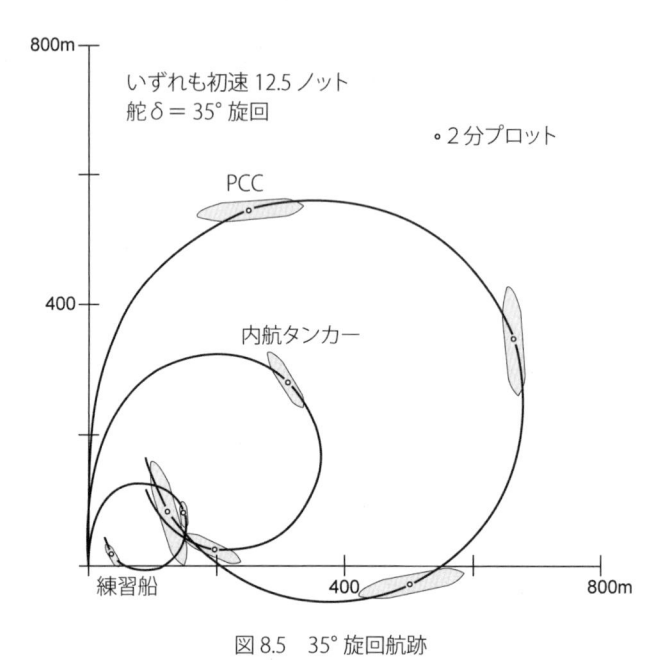

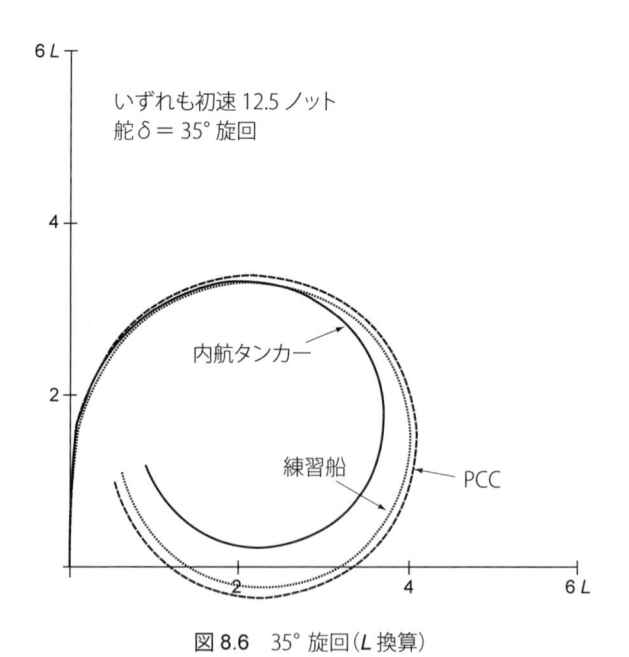

図 8.6　35°旋回(L 換算)

なお，IMOによる船として持つべき旋回性能基準は，最大舵角35°操舵による旋回試験において

　　　最大縦距　＜　4.5L　　（Lは垂線間長）
　　　旋回径　　＜　5.0L

と定められている。

8.3　緊急停止試験（Crush Astern Test）と停止性能（Stopping Ability）

船が広い海面に出て，この先しばらくは速力を変えないで航走する場合，**巡航速力**（Navigation Full）にする。それに対して，霧などにより視界が悪くなったり，または漁船や他船などが輻輳し，いつ速力を下げるかもしれない場合は，テレグラフを「Standby Full」位置に下げ，機関室と連携した航海体制に入る。そして，接近した障害物との衝突を緊急に避けるときは，テレグラフを「Stanby Full」から「Full Astern」（最大後進）にする。これを**緊急停止**（Crush Astern）という。緊急停止試験とは，最大後進を発令してから，時間的に，距離的に，どれほどで船体が停止するかを調査する試験である（航跡は図8.7のようになる）。

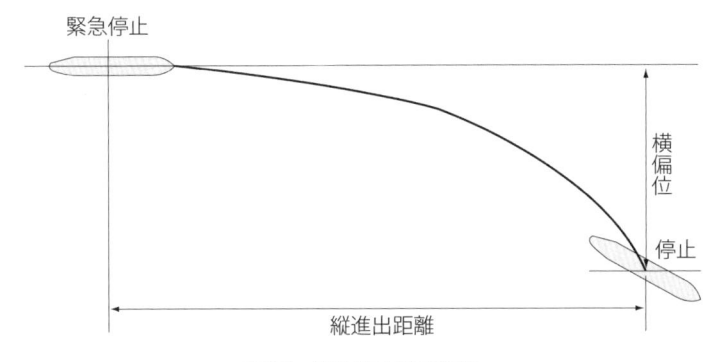

図8.7　緊急停止時の航跡

図 8.8 は，先に示した 3 種類の船（PCC，内航タンカー，練習船）が 12.5 ノットから最大後進を発令した場合の，速力の低下具合いと，停止する（舵が効かない 2 ノット以下となる）までに進出した距離の，時間ごとの変化を示している。破線が速力の低下具合いで，実線が進出距離の伸び具合いである。

　練習船や内航タンカーに比べて，大型船である PCC は後進がかかるまでの時間が長く，質量も大きいので，なかなか速力は落ちない。結局，最大後進の発令から 8 分かかってほぼ停止し，その間に船の長さの 9 倍ほど進出してしまった。つまり，前方で船の長さの約 9 倍以内に障害物があると，緊急停止しても衝突は免れない。少なくとも船の長さの 10 倍以遠で発見し，機関と舵を併用して避けなくてはならないことを示している。

　なお，IMO の操縦性能基準では，緊急停止状態で

$$進出距離（停止距離） < 15L$$

と定められている。タービン船などは最大 $20L$ まで認められている。

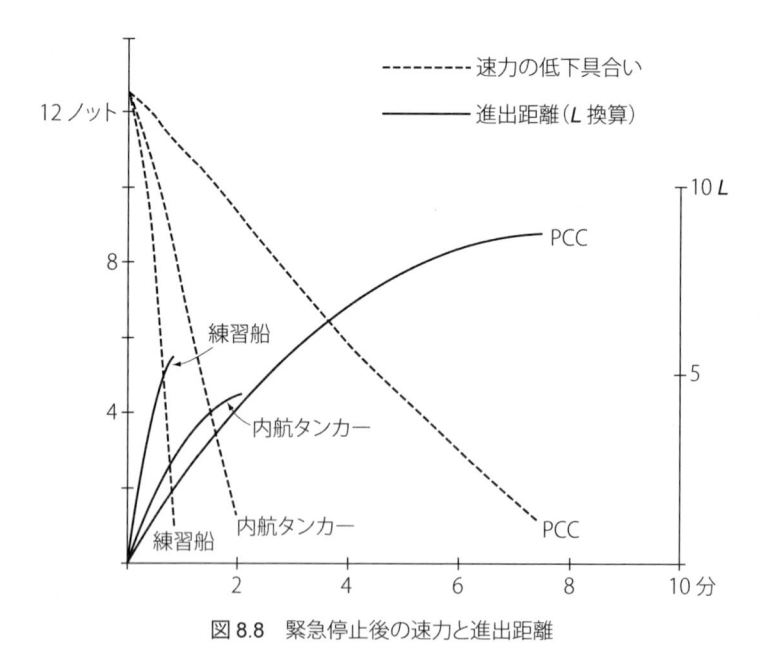

図 8.8　緊急停止後の速力と進出距離

8.4 変針性能(Course Changing Ability)

海図に引かれたある予定針路(Course Line)から次の予定針路に切り替えることを**変針**という。変針する場合,変針する方向に5°,10°,15°など,きりのよい舵角を発令(Order)する。そして,目的の変針コースまで到達していない手前の船首方位で,逆に舵(**当舵**という)をとり,旋回角速度を抑えにかかる。その際の船の航跡は図8.9のようになる。このとき,操舵ポイントから,原針路と新しい針路 ϕ_1 のそれぞれの延長線の交点(変針点)までの距離を**新針路距離** X_c という。つまり,あらかじめ X_c だけ手前で操舵を開始し,次に船首方位がある程度まで旋回(転舵針路 ϕ_2)した時点で当舵を切れば,変針コースにずれなく乗せることができる。そのためには図8.10のようなグラフを作成しておくとよい。このグラフの作成手順は

- 操舵角も当舵も,たとえば15°と決めておく。
- 操舵後,まず転舵針路 ϕ_2 を10°として,10°回頭した時点で当舵15°をとり,旋回が収まったら舵中央とする。そのときの航跡図を描き,新針路距離 X_c と最終針路(変針角 ϕ_1 となる)を求める。
- 同様にして,転舵針路 ϕ_2 を20°,30°,…,60°としたときの X_c と ϕ_1 を求め,転舵針路 ϕ_2 を横軸にとったグラフを作成する。

実際に45°変針させる場合を例として,図8.10の使いかたを説明する(①~③は図中の番号に対応している)。

① 下段の縦軸 ϕ_1 の45°から水平線を伸ばす。

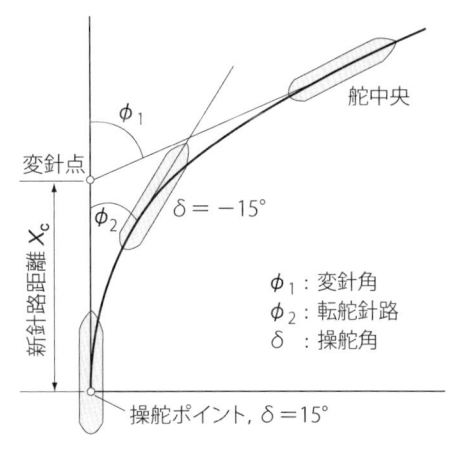

図8.9 新針路距離と変針

ϕ_1:変針角
ϕ_2:転舵針路
δ:操舵角

② その線と下段のグラフの交点から，今度は上下に垂線を伸ばす。下段横軸から $\phi_2 ≒ 37°$，すなわち船首方位が $37°$ になったときに当舵を行えばよいことが判明する。

③ 上段のグラフとの交点から今度は左に水平線を伸ばすと，新針路距離 $X_c ≒ 700\,\mathrm{m}$ が求まる。

つまり，変針点の 700 m 手前で舵角 15° を発令し，針路が原針路より 37° 回頭したとき，当舵 15° を切り，旋回が止まったとき舵中央とすれば，次の変針コース上にずれなく乗ることになる。

変針操船に関する IMO 操縦性能基準では，当初 10° 操舵し，その舵によって 10° 旋回したときまでに航走する距離は，船の長さの 2.5 倍未満と定められている。

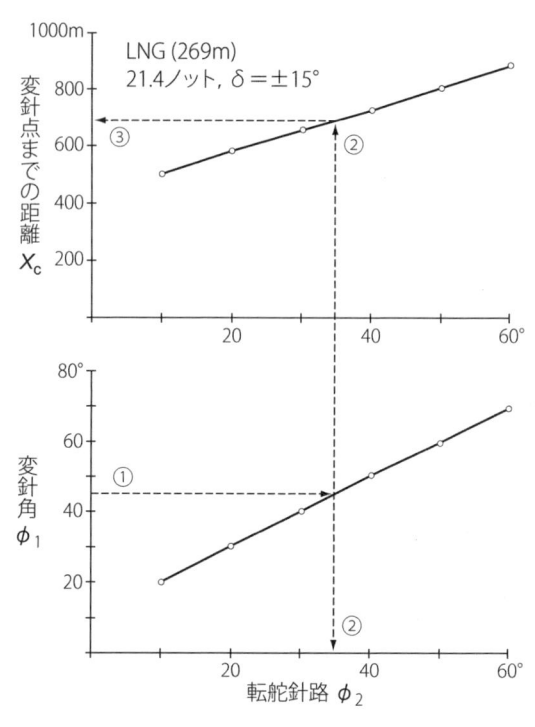

図 8.10 変針の操舵，当舵のタイミング

8.5 当舵・保針性能 （Yaw-checking and Course-keeping Ability）

前節で示した変針する際の一連の操舵に対して，船の旋回がどれだけうまく応答し，**保針**（まっすぐ直進させること）しやすいかを**当舵・保針性能**という。この性能を調べるためには Zig-zag 試験を行う。

(1) Zig-zag 試験（Z Test）

たとえば+10°Z試験の場合，次のような手順で行う。

① 巡航速度，針路一定で航走中，舵を右に10°とり，右旋回を起こす。

② 直進していたときの針路（原針路）より右に10°針路が変わったとき，反対に左に10°舵をとる。

③ 舵を逆転したにもかかわらず，右旋回はしばらく続く。しかし，この第2舵が効いて右旋回はやがて止まり，左に旋回しだす。このときの模様を，横軸に時間をとり，縦軸に操舵角と針路をとって描いたのが図8.11である。操舵角10°に対して針路10°を何度超過して当舵が効くか，その超過分を第1オーバーシュートという。

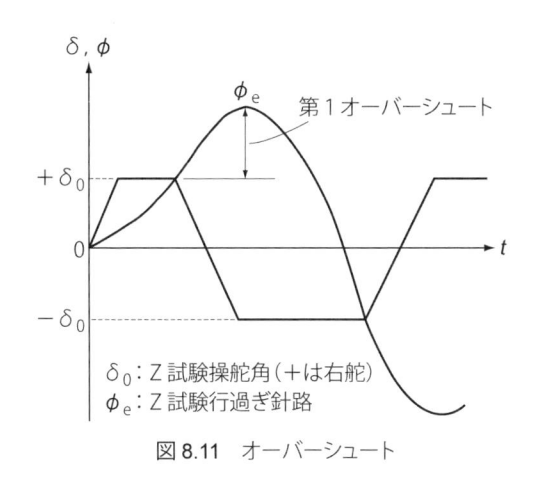

図8.11 オーバーシュート

δ_0：Z試験操舵角（+は右舵）
ϕ_e：Z試験行過ぎ針路

④ さらに原針路より左に10°針路が旋回したら，再び右に10°操舵する。この左旋回における超過分を第2オーバーシュートという。

⑤ この①～④をもう1回繰り返し，原針路に復帰して終了となる。

この結果は図8.12のようにまとめられる。ただし，船齢や船速，フジツボや海苔など付着物による汚れ具合，喫水などにより結果は異なってくる。

図 8.12　Z 試験

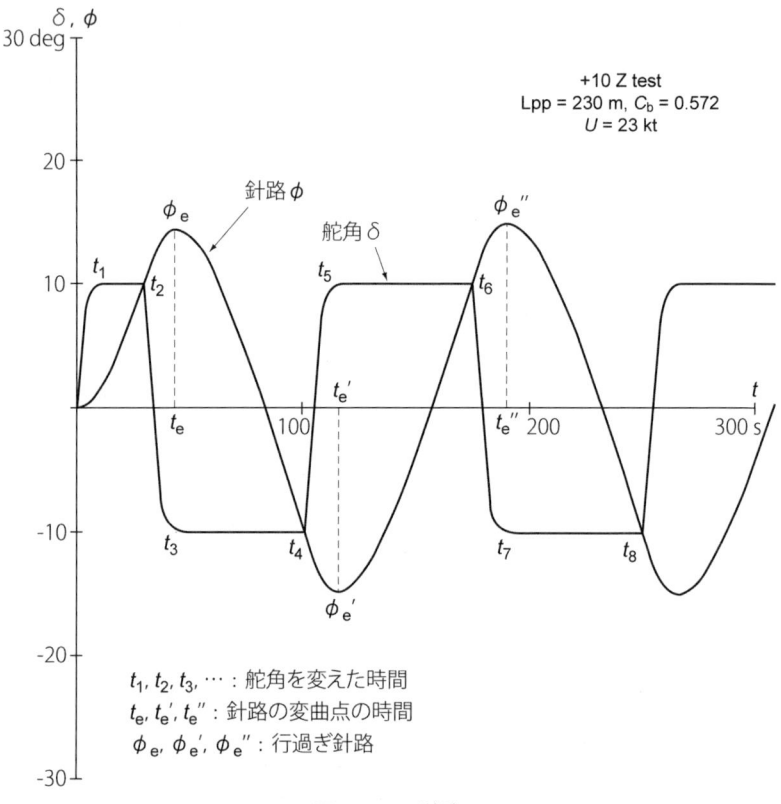

（2） IMO の当舵・保針性能基準

　IMO の当舵・保針性能基準は，満載状態において巡航速度での Zig-zag 試験により

【$+10°$ Z 試験】

- 第 1 オーバーシュート $< 10°$　　　……（$L/U < 10\,\mathrm{s}$ の船）
  　　　　　　　　$< 5° + 0.5 L/U$　　……（$10\,\mathrm{s} < L/U < 30\,\mathrm{s}$ の船）
  　　　　　　　　$< 20°$　　　　　　……（$30\,\mathrm{s} < L/U$ の船）

- 第 2 オーバーシュート < 25°　　　　　……（L/U < 10 s の船）
　　　　　　　　　　< 17.5° + 0.75 L/U ……（10 s < L/U < 30 s の船）
　　　　　　　　　　< 40°　　　　　　　……（30 s < L/U の船）

【+20°Z 試験】第 1 オーバーシュート < 25°

と提言されている。ここで L は Lpp（垂線間長）を表し，U は巡航速力（m/s）である。また，L/U は操舵に対するその船の旋回運動のテンポを示す。船を変針させたとき，あるいは風や波などによって不意に針路が変わったりしたとき，起こった旋回をいかに早く収束させることができるかの性能を数字化したものである。

なお，この章で取り上げた IMO による操縦性能基準について表 8.1 にまとめたので参照してほしい。

表 8.1　IMO 操縦性能基準

性能	試験	操縦性能基準
旋回性能	最大舵角旋回試験	縦距 < 4.5 L，旋回径 < 5.0 L
初期旋回性能	10° 変針	10° 変針するまでの航走距離 < 2.5 L
停止性能	緊急停止試験	停止距離 < 15 L（特例 < 20 L）
保針性能および回頭惰力抑制性能	+10°Z 試験	第 1 オーバーシュート < 10°　　　　　　　……（L/U < 10 s の船） < 5° + 0.5 L/U　　……（10 s < L/U < 30 s の船） < 20°　　　　　　　……（30 s < L/U の船） 第 2 オーバーシュート < 25°　　　　　　　……（L/U < 10 s の船） < 17.5° + 0.75 L/U ……（10 s < L/U < 30 s の船） < 40°　　　　　　　……（30 s < L/U の船）
	+20°Z 試験	第 1 オーバーシュート < 25°

まとめ

操舵に対する旋回現象だけを見ても，さまざまな力とその作用する場所の違いによって，船の運動が起きる。船員を志す者は基礎的な物理や力学をしっかり学んで，船の運動性能について探求してほしい。

操船シミュレータ

　ゲームでおなじみの3D CG(3次元CG)は,飛行機(フライトシミュレータ),自動車(ドライビングシミュレータ),船(操船シミュレータ)に用いられ,仮想空間で操縦体験できるようになった。最も早く世に登場したのがフライトシミュレータで1940年ころ。車は1980年代後半,船は遅く1995年ころである。

【概要】
　大きな船の操縦訓練や,行くことができない遠い海域の訓練,混み合って危険,夜間や霧で危険な海域での訓練はどうするのか。操船シミュレータの目的は,3次元CGを大型円筒形スクリーンに投影した風景のなかで,船の動きをそのまま体験することであり,大型船や高速船で日本やマラッカ海峡などの海域での操縦を擬似体験することができる。

【登場はなぜ遅かったのか】
　飛行機はスピードが速く,その操縦には,飛び去る横の風景は必要ない。前だけの1画面の再現でよい。車は前方の広範な視界やバックミラー,サイドミラーなどの視界が必要。船はそれらに比べて極端に低速で,全周の視界を必要とする。コンピュータシミュレーションでは,必要な視界の数が設備の規模や費用に跳ね返るので,操船シミュレータの登場は遅かった。

【仕組み】
　模擬船橋内の舵輪やテレグラフの動きを電圧信号で捕らえ,ディジタル信号に変換する。それをシステム内部にある船の運動モデルに加え,船の動きをリアルタイムで計算する。一方,船が右旋回したら風景を左に旋回させ,波で上下動したら風景を反対に動かす。船が進んだら風景のほうを近づける。それによって,模擬船橋は動かないのに,錯覚してあたかも動いているように感じてしまうのである。

【風景】
　船の操縦室から見える風景を7または9画面に分け,円筒形スクリーンに毎秒30回以上更新しながら投影する。その際,海の風景だけを受け持つマシンと,建物や橋の風景を受け持つマシンでは負荷が異なり,絵のつながりがおかしくなるおそれがある。そうならないように,最後のマシンが描き終わってから,いっせいに画像を表示させるように同期をとっている。

CHAPTER 9

錨泊，入港から出港までの操船

　この章では，錨泊，入港操船，岸壁係留，出港操船について学ぶ。

　船を入出港させる場合，錨を打って停泊する場合，桟橋に係留する場合の作業は通常，乗組員全員で分担する。とくに甲板部では，船橋で船長が指揮をとり，一等航海士は船首，二等航海士は船尾，三等航海士は船橋にて船長の操船補助に当たる。機関部では，いつでも主機を加減速させ，不具合にも即応できるよう，機関室および機関制御室に人員を配置する。

　各航海士はマイクやトランシーバを用いて，状況報告やその他の情報を船長に集める。あわせて船の前後の見張りを行い，自船および他船の動静をつかむことも重要となる。とくに三等航海士は，船橋内に留まっているだけではなくウイングなどに出て，指揮する船長からの命令を確実に実行し，操船計画に対する本船の動き具合の是非を逐次，船長に報告する。これら航海士たちのチームワークやコンビネーションの善し悪しが，船の安全運航に直結する。

9.1　入港・着岸の操船例

　港則法における**特定港**とは「喫水の深い船舶が出入りする港」と定義されている。どの特定港もおおむね，**略最低低潮面**❶から10mの水深は確保されており，防波堤で囲まれ，防波堤の入り口は航路となっている。したがって，岸壁を目指して港に入ってくる船は，総トン数3万トンぐらいが最大と考えてよい。ただし，指定を受けた港外の錨地でいったん錨泊し，検疫などを受け，それから港内に入ってくることになるだろう。

　図9.1に自動車専用船の着岸操船の例を紹介する（以下の解説①〜⑤は図中

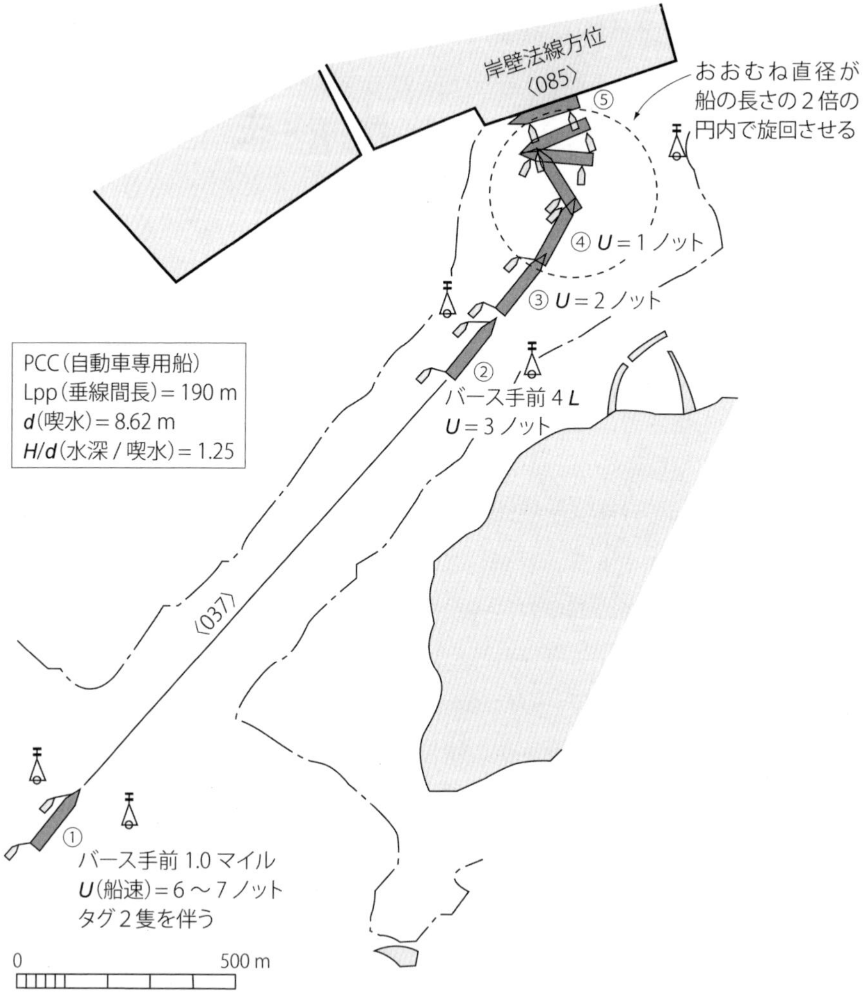
岸壁法線方位
〈085〉
おおむね直径が
船の長さの2倍の
円内で旋回させる
⑤
④ U＝1ノット
③ U＝2ノット
② バース手前4 L
U＝3ノット
PCC（自動車専用船）
Lpp（垂線間長）＝190 m
d（喫水）＝8.62 m
H/d（水深/喫水）＝1.25
〈037〉
①
バース手前1.0マイル
U（船速）＝6〜7ノット
タグ2隻を伴う
0
500 m

図9.1　入港・着岸の操船例

の番号に対応している）。

① 錨をあげ，2隻のタグと曳索（えいさく）によってつながり，速力6〜7ノットで港の入り口ブイ付近を航過。その後，針路〈037〉で保針してバース（桟橋）へ接近する。

② バースより，本船の長さ（この例では190m）の約4倍手前で，3ノットに速度を落とす。

③④ 本船の機関やタグを用い，速度を2ノット，そして1ノットに落とす。

⑤ 船首タグで調整しながら船首を軸にして，船尾タグは押させながら左旋回させる。岸壁に平行となったところで，両タグに押させ，着岸する。

この例では，風や潮流，先船（岸壁に着岸している他船のこと）や港内で遭遇する他船の存在は考えていない。とくに，船速を落として狭い港奥に進んでいくことから，港外では影響のあった潮流もなくなるが，どんな大きな船でも風の影響だけはあなどってはならず，注意が必要となる。

以降，詳しく述べることにする。

9.2 錨泊

(1) 錨泊準備

錨は**錨鎖**につながり，錨鎖の長さは1節（25mまたは27.5m）単位で数えられ，船が持つべき錨鎖長は船舶設備規程によって定められている。切断や繰り出し不能となることも想定し，錨と錨鎖は左右各舷に1セットずつあり，船尾には予備錨もある。1つの錨で錨泊する**単錨泊**の場合は，使用頻度を考慮して，左右の錨を交互に用いる。

錨を投下する場合，錨鎖は**ウインドラス**の**チェーンガーダ**に沿って繰り出される（図9.2）。

錨泊準備作業として，ウインドラスでゆっくり錨鎖を繰り出し，図9.3のように水面までの中間くらいの位置で錨を吊り下げた状態（**コックビル**という）にしておく。

図9.2 ウインドラス

ウインドラスからの繰り出しが速すぎると、錨鎖がチェーンガーダから外れて離脱し、際限なく繰り出される（**錨鎖離脱**）ことになり、危険である。したがって、ブレーキをかけながら、1節ごとにおおむね水深の3倍＋4節ほど錨鎖を繰り出す。

図9.3　コックビル

(2) 錨地への進入コース（アプローチコース）

　通常は後進投 錨(とうびょう)する。錨地へのアプローチコースに沿って進入し、かつ速力を徐々に低減しなくてはならない。速力を下げる分、舵効きが悪くなり、外力の影響を受ける時間も長くなり、船位の修正もしにくくなる。あらかじめ投錨操船計画を立案することは良策であるが、他船や先船の影響、当日の気象・海象などにより、計画をその場で微調整しなくてはならない場合もある。そういったことを勘案し、次の手順で錨地まで進入すればよい。

① 　水深、底質、風潮流などの外力の影響や錨泊期間中の外力の変化などを勘案し、あらかじめ錨地を選定しておく。また、単錨泊か**双 錨 泊(そうびょうはく)❷**とするか、単錨泊であれば左右どちらの錨を使用するか決めておく。繰り出す錨鎖長も計画しておく。

② 　錨地までの船首目標や横方向の目標などを決め、海図上に予定アプローチコースを記入する。錨地までの**ケーブル❸**単位の残距離ごとに、横方向の目標の方位を計測して海図に記入し、速力低減計画も立てておく。また、船首配置の人員と投錨計画について打ち合わせをしておくこと。たとえば図9.4の場合であれば、錨地手前の特定距離ポイント b1、b2、b3 および錨地 bt での灯台 L の方位を、あらかじめ海図で確かめて表にしておく。

③ 　アプローチコースを進む場合、海図によって左右のずれを測定する余裕はない。あらかじめ選定した船首目標へのアプローチコース方向を実際の

コンパスで見通し，そこに船首目標があればコース上と判断する。なければ船速があり舵効きがあるうちに，こまめに左右の偏位を修正する。図9.4のH′のように，本船がアプローチコースから左にずれている場合，コンパスで矢印のアプローチコース方向を見通すと，船首目標Sは右にずれて見えるので，左偏位が確認できる。また，船首配置の人員にはどちらの錨を使うのか，および繰り出す錨鎖長を指示し，コックビル状態でスタンバイさせる。

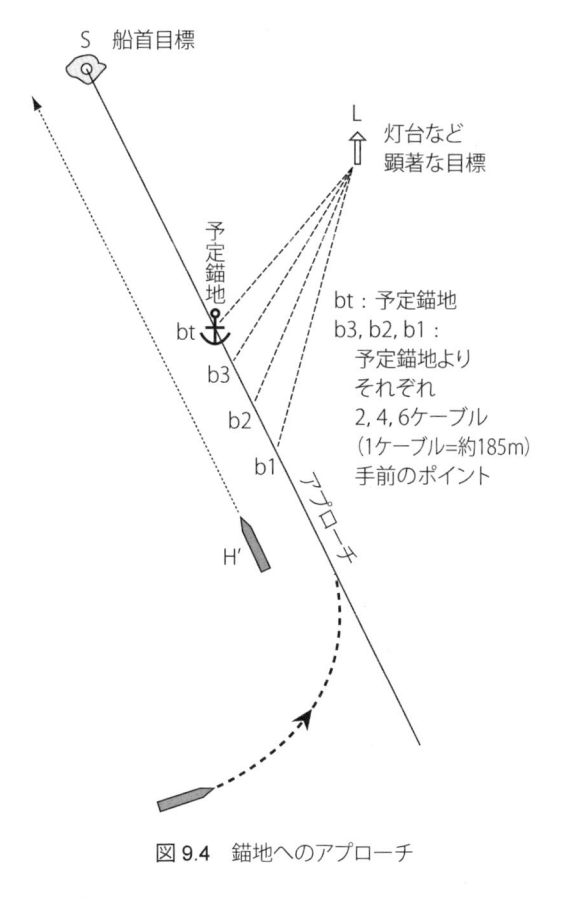

bt：予定錨地
b3, b2, b1：
 予定錨地より
 それぞれ
 2, 4, 6ケーブル
 （1ケーブル＝約185m）
 手前のポイント

図9.4 錨地へのアプローチ

（3） 投錨

予定錨地にほぼ到達したなら，いったん後進をかけるなどして行き足を止め，さらに後進行き足をつけて投錨する。これを**後進投錨法**という。もし，予定錨地で前進行き足のまま投錨（**前進投錨法**という）すると，投錨位置は決めやすいが，本船はさらに進み，投下した錨や錨鎖を速い船速のまま引きずることになる。錨鎖や船首を傷つけるばかりか，過度な前進行き足だと錨鎖を切断する恐れさえある。以下に投錨までの手順を記述する。

145

① 横方向の目標の方位値をこまめに計測し，錨地までの残距離を把握する。それによってテレグラフをFull→Half→Slowと徐々に下げ，逐次，船首配置の人員に残距離やテレグラフの状態を伝達する。音響測深機を作動させて水深を測定し，速力計を注視して速力の変化をつかむ。
② 行き足の有無を判断するため，ウイングに移動し，海面やゴミ，本船の造波などを注視して，わずかな行き足の変化も見逃さないよう心がける。予定錨地付近でいったん行き足を止めてから後進行き足をつけて投錨する。そのときの船位を測定し，海図に記入する。チェーンの繰り出しが十分でない場合は，後進行き足を追加する。その際，1節ごとにブレーキを掛け，過度なチェーンの繰り出しを防ぐ。
③ 予定錨鎖長でブレーキを掛け，錨が海底をかいたかどうかを，本船の船体運動の変化から把握する。

9.3　入港と係留

(1)　入港準備

港内操船は水先人によって導かれるが，入港回数に応じて，船長自らが港内・着桟操船を行う場合もでてくる。その場合を想定した入港準備作業を順に記述する。

① 緊急事態が発生した場合にブレーキとして使用するために，着岸反対舷の錨をすぐ落とせるようにコックビル状態（図9.3参照）としておく。
② 艏（船首）と艫（船尾）では使う**係留索**（図9.5）をある程度繰り出し，他の艤装品に係留索が引っ掛からずスムーズにロープが送り出せるよう，甲板上に左右スローム状にロープを並べておく（**スネークダウン**という。図9.6）。また，係留索の先端にくくる**ヒービングライン**❹（図9.7）や停泊状態を示す**黒色球形形象物**（黒球，図9.8），**フェンダー**（図9.9）などを，手際よく準備する。

CHAPTER 9　錨泊，入港から出港までの操船

③　**係船機**（図 9.10）やサイドスラスタなどのスタンバイ，試運転を実施しておく。
④　船橋，船首，船尾の各配置の人員が互いに通信する手段であるトランシーバの通信テストを行っておく。

図 9.5　係留索

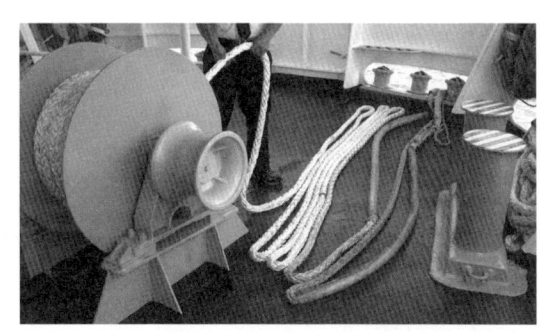

図 9.6　スネークダウン

図 9.7　ヒービングライン

図 9.8　黒色球形形象物

図 9.9　フェンダー

図 9.10　係船機

147

（2）岸壁へのアプローチ

① バースを見通せる場所まできたら，後進を用いてでも，いったん本船の行き足を止める。行き足を止めることによって，状況判断のための時間的余裕が生まれ，周囲の状況や予定バース付近の先船の有無，風潮流の影響などを観察することができる。

② 先船や，出港時の操船法，**綱とり**❺の有無，港のルールなどを勘案して，左右どちらの舷を着桟させるのか，また**入船**・**出船**❻のどちらにするのかを決めて，船首・船尾配置の人員と機関制御室に知らせる。

③ 船首から進入し，岸線（岸壁端の延長線）に対して 20～30°の角度でアプローチする（図 9.11）。

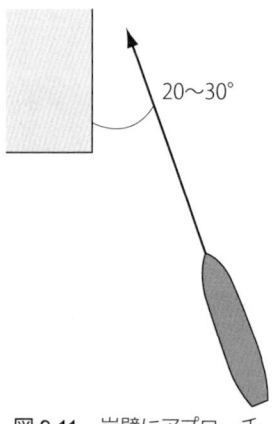

図 9.11　岸壁にアプローチ

（3）着岸

① バース横で行き足を再び止める。そのときのバースとの間隔は 1～1.5B（Bは船幅）とする。

② まずヘッドラインからヒービングラインを送り係留索を繰り出す。続いてスタンラインを同様に繰り出す。係船機を用いて，ヘッドラインとスタンラインのたるみを取りながら，本船を岸壁に平行に寄せる（図 9.12）。このとき，プロペラにスタンラインを巻き込む恐れがあるため，主機の発動や逆転は係留索の状態を確かめてから用いる。

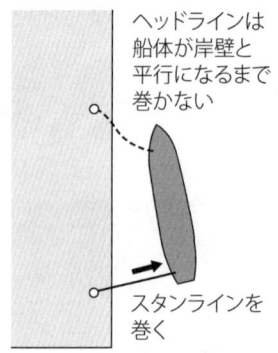

ヘッドラインは船体が岸壁と平行になるまで巻かない

スタンラインを巻く

船体が岸壁と平行になるようにたるみを取りながら均等に係留索を巻く

図 9.12　着岸時の係留索巻き取り

③ その後，可能となれば船首尾とも，スプリング，ブレストラインの順に係留索を繰り出していく。

(4) 係留索と岸壁係留

係岸(けいがん)に用いられる係留索全体を図 9.13 に示す。それぞれ次のような役目を担っている。

- **ヘッドラインおよびスタンライン**：船体の前後運動の制御
- **ブレストライン**：左右方向の運動の制御
- **スプリング**：前後・左右方向の運動の制御

ヘッドラインとスタンラインには繊維索（化学繊維を編み上げ，太いロープ状にしたもの）を用い，最終的には 2～3 本ずつ取る。

スプリングはワイヤロープとし，本船から繰り出し，バースにある**ボラード**（船を係留するための係船杭のこと。図 9.14 のように馬の頭のような形をしている）を介し，再び本船まで引き込む（**バイト**という）ことが多い。これは，離岸時にスプリングだけ残し，舵を岸壁側にとり，わずかな時間だけ微速前進をかけることによって船尾を岸壁から離すときに役立つ。

ブレストラインには繊維索を用いる。ゆるみのないようにブレストラインをしっかり張るよう調整す

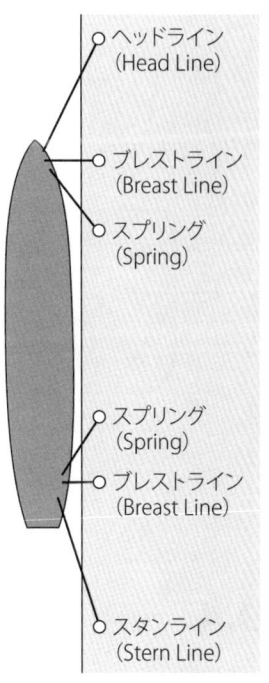

図 9.13 係留状態

図 9.14 ボラード

ることによって，うねりなどによる船体動揺や岸壁との衝突の繰り返しを防ぐことができる。しかし，どの係留索にも言えることだが，図 9.15 のように潮が満ちた場合，係留索に過度の力が加わり，本船も傾斜してしまう。逆に潮が引いて係留索がたるむと，風などの外力によって本船が岸壁から離れてしまう

ことがある。したがって，係留索は潮の干満によって長さを調整する必要がある。とくに，ブレストラインはこの調整が必要で，怠ると切断するおそれが高い。

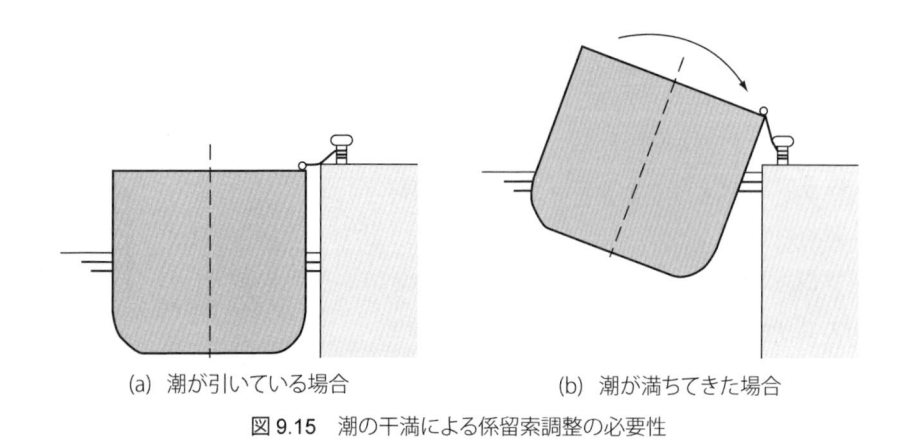

(a) 潮が引いている場合　　　　(b) 潮が満ちてきた場合

図 9.15　潮の干満による係留索調整の必要性

9.4　出港

(1)　離岸準備

　所定の荷役（荷物の積み下ろしのこと）を終え，次の港に向けて出港する場合，定員，乗客の人数と健康状態を確認し，航海および機関の各パートごとに機器の点検，動作試験を済ませた上で，出港部署が発令される。出港届などの書類手続きを終え，水先案内人の乗船を確認した後，タラップを納める。

　次に，機関の試運転を行う。プロペラを数サイクル回転させるため，船尾配置の人員は船尾付近の障害物などに注意し，その動静を報告する必要がある。また，係留索にはプロペラ推力が加わるため，近づかないようにする。

　外力の有無や向きなどによって操船方法は異なるが，風下，潮下のほうから係留索を外し，取り込む。最後は船首尾ともにスプリングだけを残す。この状態を**シングルアップ**と呼んでいる。このような作業は船長の命令に対して作業

経過を逐次報告するなど，互いのコンビネーションが重要である．

(2) 離岸操船

岸壁係留から出港する例を以下に述べる．
① 船尾のスプリングを外し，船首岸壁側にフェンダーを用意する．岸壁側に舵をとり，短時間，スローアヘッドをかける（図9.16(a)）．船尾が岸壁に対して開くので，すかさずスローアスターンをかける（図(b)）．
② プロペラの作用か外力によって，再び船尾が岸壁側に寄る場合がある．この場合は，①の前・後進をもう一度行い，船尾を岸壁から離す．
その他，図9.17のように，あらかじめ打っておいた錨を用いる方法もある．

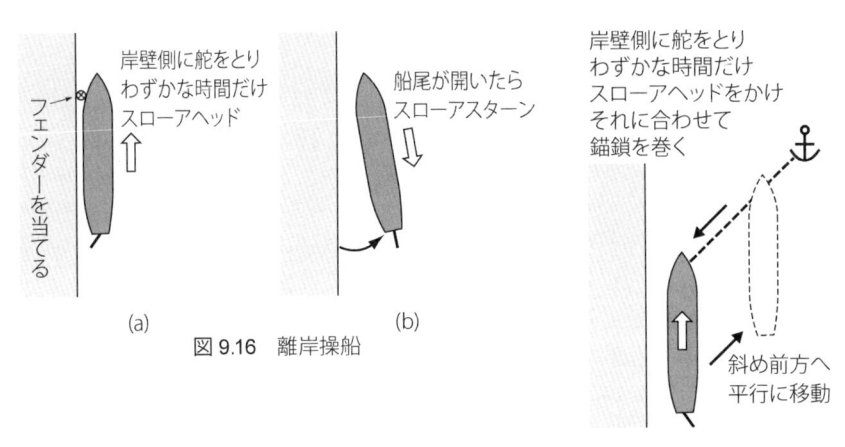

図9.16　離岸操船

図9.17　錨を用いた離岸

まとめ

船内全員で作業に当たり，最も忙しく，緊張の連続となる，出入港操船と係留，投錨作業．安全に確実に船を離着桟，錨泊させるには，部署どうしのチームワークとコンビネーションが重要である．そのためにも，作業前にはボック

スミーティング（打ち合わせ）を行い，手順や段取りを互いに確認すること。また，作業後のポストミーティング（反省会）を行うこと。これらがチームワークをより堅固なものとする。

◆解説◆

❶ 略最低低潮面
　これより低くはならないと想定されるおよその潮位である。海図に示される水深は，この略最低低潮面を基準面としている。この面は基本水準面ともいう。また，領海や排他的経済水域は，潮位が略最低低潮面にあるときの海岸線を基線とする。

❷ 双錨泊
　左右舷の錨をともに用いて錨泊すること。

❸ ケーブル
　1海里（mile）の1/10の距離。1海里（mile）は1852mなので，1ケーブル（cable）は約185m。

❹ ヒービングライン
　係留索の先端にくくりつけた細索のことで，他端にはおもりが付いている。係留索は重く，船側から岸壁側に投げても届かないので，このヒービングラインを投げ縄のように振り回して勢いをつけて岸壁へ投げ飛ばす。岸壁側では，おもりに続く細索をたぐり寄せると，それにつながっている船側からの係留索を引き寄せることができる。

❺ 綱とり
　本船が岸壁に着桟する場合，岸壁側で本船の係留索を取るための作業を行う人。着桟後，本船側から綱とり代金を支払う。また，出港のときも係留索の解纜(かいらん)作業を頼むが，これも綱とりという。

❻ 入船・出船
　港の奥に向かって船が着けられているのを入船，港の出口方向に向けて着けられているのを出船という。

索　引

【アルファベット】
A/C 塗料　*110*
A/F 塗料　*111*
B/T 塗料　*111*
FOFO　*48*
IMCO　*40*
IMO　*40*
IMO 操縦性能基準　*139*
LNG タンカー　*47*
LOLO　*48*
LPG タンカー　*47*
M ゼロ船　*19*
MARPOL 条約　*41*
RORO　*48*
S 撚り　*102*
SOLAS 条約　*40*
STCW 条約　*41*
TEU　*17*
ULCC　*47*
VLCC　*47*
Z 撚り　*102*
Zig-zag 試験　*137*

【あ】
アイプレート　*109*
亜鉛板　*93, 98*
当舵　*135*
当舵・保針性能　*136*
アフラマックス　*47*
アーム　*65*
安全使用力　*105*

【い】
錨　*63*
一等機関士　*19*
一等航海士　*18*
一般貨物船　*44*
移動式消火器　*78*
移動性　*17*
イマーションスーツ　*76*
入船　*148*

【う】
ウィリアム・フルード　*34*
ウインドラス　*67, 143*
ウォッシュバック　*123*
漆　*110*

【え】
衛星 EPIRB　*76*
エクソン・バルディス　*40*
エジプト　*23*
エナメルペイント　*110*
M ゼロ船　*19*
エリクソン→ジョン・エリクソン
エロージョン　*124*
エーロフォイル型　*123*
エンドリンク　*66*

【お】
オイルタンカー　*46*
オジバル型　*123*
オーシャンタグ　*49*

153

オートパイロット　72
オーバーシュート　137

【か】

外航海運　15
海上保険　39
外板　50
外輪蒸気船　32
貨客船　43
隔壁　51
カーゴフック　107
カーゴブロック　108
火災　77
火災警報装置　79
火災探知装置　79
舵　115
舵取機　69
火せん　77
型幅　57
カティー・サーク　31
ガーボード　50
ガマ→バスコ・ダ・ガマ
ガレオン船　29
ガレー船　23
管海官庁　95
ガントリークレーン　44
岸壁係留　149

【き】

機関長　19
機関部　19
艤装数　64
キック　128
喫水標　59
キャビテーション　123
球形タンク方式　47
吸入流　125

救命筏　74
救命設備　73
救命艇　73
救命胴衣　75
救命浮環　75
強力甲板　49
キール　53
キールタッチ　87
緊急停止　133
キングストンバルブ　92

【く】

クッタの条件　118
クラーモント　32
クリストファー・コロンブス　27, 28
クリッパー　30
グリート　92
クレモナ　104
クロノメータ　30

【け】

係船機　147
係駐力　65
係留索　146, 149
ケープサイズ　45
ケーブル　144
ケミカルタンカー　48
舷側厚板　51
ケンターシャックル　66

【こ】

後縁　116
後進投錨法　145
後進面　122
合成繊維ロープ　102
甲板　49
甲板長　19

索　引

甲板部　18
抗力　116
黒鉛　112
国際海事機関　40
黒色球形形象物　146
古代ギリシャ　24
コックビル　143
固定式加圧水噴霧消火装置　79
固定式射水消火装置　78
固定式炭酸ガス消火装置　79
コモンリンク　66
ゴールデン・ハインド　29
コロンブス→クリストファー・コロンブス
混合肋骨式構造　56
混乗船　20
コンテナ船　37, 44

【さ】

載貨重量トン数　58
最大縦距　130
サイドスラスタ　60
錆　81
サンタ・マリア　28
三等機関士　19
三等航海士　18

【し】

ジェームス・ワット　31
Zig-zag 試験　137
試験力　105
自己点火灯　75
自己発煙信号　77
死水領域　119
下地処理　90
シーチェスト　87, 92
自動車専用船　46
自動操舵装置　72

自動天候調整　73
シーマンシップ　42
事務部　20
シャックル　66, 108
シャンク　65
重量物運搬船　48
出港　150
ジュフロワ・ダバン　32
巡航速力　133
純トン数　58
ジョイニングシャックル　66
上架　82
蒸気船　32
蒸気タービン船　35
上甲板　49
消防員装具　79
消防設備　77
職員　18
ジョージ・スティーブンソン　31
ジョン・エリクソン　33
ジョン・フィッチ　32
シングルアップ　150
信号紅炎　77
新針路距離　135

【す】

垂線間長　57
水槽試験　34
水密隔壁　51
水密扉　51
推力減少率　124
スエズマックス　45
スキューバック　122
スクリュープロペラ　33, 121
スズフリー　84
スターボードサイド　68
スタンライン　149

155

スティーブンソン
　　→ジョージ・スティーブンソン
ストランド　*102*
ストレートシャックル　*108*
スナッチブロック　*108*
スネークダウン　*146*
スプリング　*149*
スプリンクラ　*79*
スミス→フランシス・ペティ・スミス
スラスタトンネル　*92*
スラスタマーク　*60, 91*
スラスト　*124*
スリップ　*123*

【せ】

清水高圧洗浄　*90*
清水タンク　*94*
精ワニス　*111*
積載性　*16*
積分制御　*73*
石灰　*112*
セルガイド　*44*
前縁　*116*
旋回径　*130*
旋回圏　*130*
旋回性能　*128*
船具　*101*
前進投錨法　*145*
前進面　*122*
船籍港　*59, 91*
船長　*18*
全長　*57*
船底第一号塗料　*110*
船底第二号塗料　*111*
船底第三号塗料　*111*
船底塗料　*89, 110*
船舶　*17*

船舶検査　*95*
船舶検査官　*95*
船舶検査証書　*95, 98*
船舶検査手帳　*98*
船尾キック　*128*
全幅　*57*
船名　*59, 91*
船用品　*101*
船楼甲板　*49*

【そ】

操縦性能　*127*
操縦性能基準　*139*
操船シミュレータ　*140*
総トン数　*58*
遭難信号　*76*
双錨泊　*144*
属具　*107*
SOLAS条約　*40*

【た】

大航海時代　*26*
タイタニック　*39*
舵角　*69*
タグボート　*48*
縦肋骨式構造　*54*
ダバン→ジュフロワ・ダバン
タービニア　*35*
舵柄　*70*
舵輪　*68*
タンカー　*46*
堪航性　*99*
単錨泊　*143*

【ち】

チェーンガーダ　*143*
着岸　*148*

索　引

チャールズ・パーソンズ　35
中間検査　95

【つ】
追従動作　72
綱とり　148
爪　65

【て】
艇　17
ディアス→バーソロミュー・ディアス
定期検査　95
停止性能　133
底質　66
ディーゼル→ルドルフ・ディーゼル
ディーゼル船　35
デッキストリンガ　50
出船　148
テレモータ　70
電食　81

【と】
投錨　145
特定港　141
塗装　91
ドック　83
ドックゲート　85
ドックマスター　87
ドライアップ　83
ドライカーゴ　45
ドライドック　84
トリーキャニオン　40
トルク　124
ドレーク→フランシス・ドレーク

【な】
内航海運　15

長さ　57

【に】
二重船殻構造　53
二重底構造　52
二等機関士　19
二等航海士　18
ニーナ　28
入渠　87
入渠仕様書　86
入港準備　146

【は】
バイキング　25
バイキング船　25
排水トン数　58
バイト　149
バウシャックル　108
舶　17
バスコ・ダ・ガマ　27
バーソロミュー・ディアス　27
パーソンズ→チャールズ・パーソンズ
破断力　105
八分儀　30
把駐力　65
発煙浮信号　75, 77
パテ　111
パナマックス　45
羽根　122
羽根傾斜　122
羽根先端　122
羽根根元　122
幅　57
ばら積み貨物船　45
腹盤木　85
バルバスバウマーク　60
盤木　85, 89

157

ハンザ同盟　26
パンチング構造　53
ハンディサイズ　45
伴流　124
伴流係数　124
伴流利得　125

【ひ】

引き上げ船台　85
非常操舵装置　72
ピッチ　121
ヒービングライン　146
微分制御　73
ビーム　49
錨桿　65
錨鎖　66, 143
錨鎖離脱　144
錨泊　143
ビルジキール　53
比例制御　73
ピンタ　28

【ふ】

ファイバー　102
フィッチ→ジョン・フィッチ
部員　18
フェニキア　23
フェルディナンド・マゼラン　27
フェンダー　146
深さ　57
プッシュマーク　60
船たで　84
船酔い　80
船　16, 17
舟　17
浮揚性　16
フランシス・ドレーク　29

フランシス・ペティ・スミス　33
フルード→ウィリアム・フルード
フルトン→ロバート・フルトン
ブルーリボン賞　34
ブルワーク　50
ブレストライン　149
フレーム　51
プロダクトタンカー　47
フローティングドック　85
プロペラ　121

【へ】

ペイント　110
ヘッドライン　149
ベルヌーイの定理　115
変針　135

【ほ】

防火部署　78
冒険貸借　38
放出流　125
膨張式救命筏　74
保針　136
ボス　122
補水　94
母線　121
ボトムプラグ　88, 93
ポートサイド　68
略最低低潮面　141
ボラード　149
ボルチモア・クリッパー　31

【ま】

麻芯　106
マゼラン→フェルディナンド・マゼラン
マニラロープ　102
マラッカマックス　45

MARPOL条約　*41*
満載喫水線　*59*
マンホールガット　*92*

【む】
迎え角　*118*

【め】
メイフラワー　*29*
メーデー　*76*
メンブレン方式　*47*

【も】
木材運搬船　*48*
モーダルシフト　*62*
持運び式消火器　*78*

【や】
ヤーン　*102*

【ゆ】
油性塗料　*110*
油性ワニス　*111*
油槽船　*46*

【よ】
揚錨機　*67*
揚力　*116*
翼型　*116*
翼弦長　*116*
横流れ角　*129*

横肋骨式構造　*54*
淀み点　*118*

【ら】
らせん面　*121*
ラッカー　*111*
落下傘付信号　*77*

【り】
離岸準備　*150*
離岸操船　*151*
リーディングブロック　*108*
旅客船　*43*
リングプレート　*109*
臨検　*96*
臨時検査　*96*

【る】
ルドルフ・ディーゼル　*35*

【ろ】
ロイズ　*39*
ロイド船級協会　*39*
ロバート・フルトン　*32*
ロープ　*102*
ローマ帝国　*24*
ロールオン・ロールオフ船　*46*

【わ】
ワイヤロープ　*106*
ワット→ジェームス・ワット

〈編者紹介〉

商船高専キャリア教育研究会

商船学科学生のより良きキャリアデザインを構想・研究することを目的に，2007年に結成。
富山・鳥羽・弓削・広島・大島の各商船高専に所属する教員有志が会員となって活動している。
2018年は富山高等専門学校が事務局を担当している。

連絡先：〒933-0293
　　　　富山県射水市海老江練合1-2
　　　　富山高等専門学校　商船学科　気付

ISBN978-4-303-24000-4

マリタイムカレッジシリーズ
船舶の管理と運用

2012年2月15日　初版発行　　　　　　　　　　　　Ⓒ 2012
2018年3月15日　3刷発行

編　者　商船高専キャリア教育研究会　　　　　　検印省略
発行者　岡田節夫
発行所　海文堂出版株式会社

　　　本　社　東京都文京区水道2-5-4（〒112-0005）
　　　　　　　電話 03(3815)3291(代)　FAX 03(3815)3953
　　　　　　　http://www.kaibundo.jp/
　　　支　社　神戸市中央区元町通3-5-10（〒650-0022）

日本書籍出版協会会員・工学書協会会員・自然科学書協会会員

PRINTED IN JAPAN　　　　　　　印刷　東光整版印刷／製本　誠製本

JCOPY＜(社)出版者著作権管理機構　委託出版物＞
本書の無断複写は著作権法上での例外を除き禁じられています。複写される場合は，そのつど事前に，(社)出版者著作権管理機構（電話 03-3513-6969，FAX 03-3513-6979，e-mail: info@jcopy.or.jp）の許諾を得てください。